U0673913

国家林业和草原局普通高等教育"十四

高等院校园林与风景园林专业系列实践教材

园林专业南方综合实习

——园林植物篇

陈瑞丹　李秉玲　刘　燕　主编

中国林业出版社
China Forestry Publishing House

图书在版编目（CIP）数据

园林专业南方综合实习.园林植物篇 / 陈瑞丹，李
秉玲，刘燕主编. —北京：中国林业出版社，2024.12
国家林业和草原局普通高等教育"十四五"规划教材
高等院校园林与风景园林专业系列实践教材
ISBN 978-7-5219-2600-2

Ⅰ.①园… Ⅱ.①陈… ②李… ③刘… Ⅲ.①园林植
物—高等学校—教材 Ⅳ.①S68

中国国家版本馆CIP数据核字（2024）第027792号

策划编辑：康红梅
责任编辑：康红梅
责任校对：苏　梅
封面设计：北京时代澄宇科技有限公司

出版发行：中国林业出版社
　　　　　（100009，北京市西城区刘海胡同7号，电话83223120，
　　　　　83143551）
电子邮箱：jiaocaipublic@163.com
网　　址：https://www.cfph.net
印　　刷：北京中科印刷有限公司
版　　次：2024年12月第1版
印　　次：2024年12月第1次印刷
开　　本：787mm×1092mm　1/32
印　　张：8.625
字　　数：208千字
定　　价：59.00元

《园林专业南方综合实习——园林植物篇》
编写人员

主　编　陈瑞丹　李秉玲　刘　燕

编写人员　（按姓氏拼音顺序）

蔡　明（北京林业大学）

陈瑞丹（北京林业大学）

高健洲（北京林业大学）

李秉玲（北京林业大学）

刘秀丽（北京林业大学）

刘　燕（北京林业大学）

袁　涛（北京林业大学）

钟　原（北京林业大学）

前 言

　　"南方综合实习"是北京林业大学园林学院的特色教学环节，包括"园林植物"和"园林设计"两部分，有几十年的教学实践历史和经验，是园林学院的特色课程，也是园林、风景园林的专业必修课。

　　本教材是南方综合实习——园林植物环节的实习指导书。园林植物综合实习教学目标是要求学生掌握一定数量的长三角地区园林植物种类及其园林应用方法、了解应用效果，培养学生在新环境中深入学习探索园林植物、拓展种类掌握的能力。针对教学目的和目标，为了有效组织教学，提高学生学习效率，学院老一辈园林植物教师进行了不断的研究探索，形成了一整套高效的教学方案和时间安排，将园林植物综合实习时间设置为5天，其中3天为园林植物集中识别，2天为园林植物应用实习。本教材正是对该套教学方案的基本记录。虽然针对不同版次专业人才培养目标和方案改革的需要，目前的实习地点和内容也在不断调整中，但是其核心内容依然沿用至今。

　　本教材覆盖了南方综合实习——园林植物全部5天的教学实习内容，包括杭州植物园分类区植物识别、杭州植物园专类园调查、杭州公园植物调查和城市街道绿化植物调查。为了结合杭州植物园分类园规划设计现状，该园中需要识别的植物学名采用《中国植物志》中恩格勒分类系统的植物名称；根据教学时间安排，将杭州植物园分类园需要识别的园林植物种类划分为 4 个区排列，便于学生现场对照学习和复习查找；将杭州植物园分类园以外常见的该区域园林草本植物归为其他园林植物识别。

由于本实习是在学生前期完成园林树木学、园林花卉学、园林草坪与地被、园林植物遗传与育种、园林植物应用设计等课程学习基础上进行的，之前已有园林学院张天麟先生编写的《园林树木 1600 种》实习指导书作为基础，本教材本着精简的原则，一是采用口袋书形式，方便学生携带和现场速查学习；二是图文并茂，每种植物配有彩色照片，便于学生现场对照实物，快速掌握识别要点。植物的观赏佳期在其后的 1~12 方格（示 1 月至 12 月）中涂黄色表示，以方便读者学习掌握。落叶树种指一年中叶、花或果等主要观赏期的时间；常绿树如果没有特别观赏器官，一般指观叶期。

本教材可作为全国各地园林、风景园林、园艺等相关专业的普通高等院校、高等职业院校学生长江流域园林植物识别与应用的实习实践参考书，亦可供相关专业从业人员及园林植物业余爱好者学习参考。

除特别标注，图片均由编者拍摄。由于编者水平有限，不足之处敬请各位读者批评、指正。

编　者

2024 年 8 月

目 录

杭州植物园分类区识别二区 / 62

一、南方综合实习（长三角地区）常见园林植物识别

　　识别是园林植物资源保护和开发应用的前提，了解并掌握其生长特点、观赏特性及生态习性是科学、合理地应用植物，营造健康、生态和赏心悦目植物景观的基础。要正确识别园林植物，须具备一定的专业基础知识和植物识别技巧，须掌握常见的形态术语和识别步骤。

　　多数情况下植物种类的识别可通过生活型—分枝情况—叶结构—花结构—其他等步骤进行。首先从整体观察植物的生活型，确定是乔木、灌木、草本还是藤本，观察掌握该植物的大小、形态、分枝及生长环境（主要是水分和光照）等。然后观察植物的叶、花、果实等细部形态，其中叶包括其类型、叶序、叶形、大小、脉序形式、叶色及附属物等。花包括花序形式、花形及花色等。果包括果实颜色、形状、类型和被毛情况等。有时还需观察植物的附属结构特征，如有无腺体或腺点，是否有毛被或刺状结构，枝叶有无汁液或气味等，可以通过用手摸、揉碎后嗅等多种感官加深识别印象……此外，对于一些形态相似、易混淆的种类，类比是个很好的辨析方法，有助于加深理解。

植物识别的地点通常选择植物种类丰富的地区，其中各地的植物园以收集、栽植的植物种类丰富而著称，是开展植物识别教学、实践的优良场所。杭州植物园创建于1956年，是新中国成立以来首批成立的3个植物园之一，是一所兼有公园外貌和科学内涵、以科学研究为主，并向大众开放，可进行休闲游览和科普教育的植物园，收集了国内外植物6000余种（含品种），在对长三角地区乡土植物的收集、展示、迁地保护及科研开发方面发挥了重要作用。尤其是植物分类区，因其按照植物的分类和进化系统进行大的分区，将同科、同属植物集中进行栽植展示，为了解植物的整体进化轮廓，学习植物分类，识别不同目、科、属的植物提供了优良的场地。

被子植物的分类，先后被大家接受和广为应用的主要有恩格勒系统、哈钦松系统、克朗奎斯特系统以及目前的APG系统。

恩格勒系统（Engler system）是植物分类学中第一个比较完整的自然分类系统。以"假花说"为依据，认为被子植物的花是由单性孢子叶球发展而来，大孢子叶球和小孢子叶球分别演化出雌、雄柔荑花序，再由柔荑花序简化形成花。所以被子植物是先有花序、再有花，不是真正的花。因此柔荑花序类、植物无花瓣、单性、木本、风媒传粉等为原始类型，有花瓣、两性、虫媒传粉等为进化类型。修订的该系统中，单子叶植物出现在双子叶植物之后，双子叶植物分为离瓣花亚纲和合瓣花亚纲，某些目下设置了亚目，共344科。世界上大部分国家采用本系统，对我国早期的植物分类具有重大影响，中国科学院植物研究所的标本室、《中国植物志》等采用该系统。

哈钦松系统（Hutchinson system）以"真花说"为依据，认为被子植物的花是由两性孢子叶球演化而来，孢子叶球上的苞片演变为花被，小孢子叶演变为雄蕊，大孢子叶演变为雌蕊（心皮），其孢子叶球轴则缩短为花轴。该系统将双子叶植物分为木本支和草本支，单子叶植物分为萼花群、冠花群和颖花群，共411科。我国应用较多，世界很少使用。

克朗奎斯特系统（Cronquist system）坚持"真花说"及单元起源论，认为木兰亚纲为被子植物的基础复合类群，木兰目是被子植物的原始类群。柔荑花序类各科来源于金缕梅目；单子叶植物源于类似现代睡莲目的祖先，泽泻亚纲是百合亚纲进化线上近基部的一个侧支。该系统中单、双子叶植物分别对应百合纲和木兰纲，纲下设置了亚纲，共383科。应用广泛，我国许多教科书采用。

APG系统（APG Ⅳ，2016）是由被子植物系统发育研究组（Angiosperm Phylogeny Group）基于分支分类学和分子系统学研究结果，对一些传统概念上的科进行拆分、合并或重组处理而提出的被子植物分类系统，目前在全球植物分类与进化中广为接受（仅少量类群存在争议）。自1998年APG系统首次提出后，2003年发布了APG Ⅱ，2009年发布了APG Ⅲ，2016年发布了APG Ⅳ。APG Ⅳ系统中，被子植物的基本类群包括：ANA基部群、木兰类、金粟兰目、单子叶植物、金鱼藻目、真双子叶植物，共

416 科。APG 系统是目前植物分类学研究和科学传播的交流框架，正逐步代替传统的分类系统。

杭州植物园建园早，其分类区采用恩格勒分类系统和格罗斯盖姆的放射状进化来安排植物种类和分区。设计者孙筱祥先生通过对园区道路的合理规划，地形塑造，不同大小及形态水体的设置，注重景观生态美学的同类群植物配置，完美地将植物系统分类与其生长习性和景观呈现融合起来，将主要产自华中及长三角地区的 800 余种植物组成充满自然和艺术气息的植被群落，是开展植物实践教学和科研的活体标本区，可实现对长三角地区常见园林植物的集中识别和观察，并为植物种植和展示为目的的植物生境和群落营造提供了优秀范例。

1. 实习目的

①通过本实习能够根据植物的重要形态特征，识别 150~250 种长三角地区主要园林植物。

②掌握植物识别和记录的一般方法，提高植物识别及综合运用园林知识的能力。

2. 实习时间与地点

选择春季 4~5 月或秋季 9~10 月，在杭州植物园分类区进行。根据具体实习季节和需求，也可选择植物有代表性且种类丰富的植物园、城市公园绿地或园林生产企业等进行。

3. 实习指导

①以班为单位，由指导教师带领学生到实习地现场进行具体植物种类识别方法及识别要点的讲解，在实习过程中，要求学生

认真听讲，引导学生认真观察园林植物的形态特点、物候和生境条件，用文字和图片做好记录。

②学生复习、整理实习记录，对叶、花、果、树形、树干等观赏特性进行归类整理，对植物在各种不同生境的适应性和抗性，如耐阴或喜半阴、耐水湿或喜水湿、耐干旱、瘠薄、抗污染性等进行总结。

4. 作业要求及案例

①能够根据植物的主要形态特征，识别长三角地区常见园林植物 150~250 种。

②按树形、枝干、叶、花、果的观赏特性和温、光、水、土壤及养分等主要生态习性对识别的植物种类进行整理归类，提交图文并茂的实习笔记 1 份，要求植物的观赏特性和生态习性各 5 类以上。

③以图表或视频讲解等形式对 3~5 组常见易混淆植物进行辨别，如松科的马尾松、赤松、黑松及湿地松；柏科的日本扁柏、日本花柏、柏木和侧柏；壳斗科的麻栎、栓皮栎、北美红栎、青冈栎、苦槠；木兰科的乐昌含笑、深山含笑、亮叶含笑；樟科的樟、浙江樟、月桂、豹皮樟；木樨科的迎春、云南黄馨、迎夏；形态相似的南方红豆杉、榧树、日本冷杉；水杉、池杉、落羽杉和水松；具羽状叶的黄连木、南酸枣、无患子、复羽叶栾树；草本植物蝴蝶花、鸢尾、蜘蛛兰；地被植物山麦冬、沿阶草、吉祥草；水生植物香蒲、水烛、小香蒲等。具体形式可参考下表。

水杉和池杉的区别表

水杉 *Metasequoia glyptostroboides*		池杉 *Taxodium distichum* var. *imbricatum*	
	圆锥形		近圆柱形，小枝下垂
	无呼吸根		有呼吸根，更耐湿
	仅有羽状叶		叶二型，有羽状叶和钻形叶
	球果小，开裂		球果大小与鸡蛋相似，基本不开裂

杭州植物园分类区识别一区

本区以裸子植物为主，兼顾榆科、壳斗科、金缕梅科、胡桃科等植物。共计54种。

1 银杏 *Ginkgo biloba*

科属：银杏科银杏属	**别名**：白果树、公孙树
品种：'籽叶''管叶''花叶'等	**观赏特性**：观树姿、秋色叶
应用分布：我国北自沈阳，南至广州均有栽培；中国特产，为世界著名孑遗树种	**园林用途**：庭荫树、行道树或园景树
习性：喜光，耐寒，适应性强；深根性，寿命长	

观赏佳期	1	2	3	4	5	6	7	8	9	10	11	12

🌿 识别要点

落叶乔木。雌雄异株。具长短枝。叶扇形，叶脉二叉状，先端常2裂，互生于长枝而簇生于短枝。种子核果状，外种皮肉质，有臭味。花期3~4月，种子9~10月成熟。

🌳 其他用途

种子可食用和入药。

🔺 树形树姿——尖塔形（窄）　　🔺 小孢子叶球及干皮　　🔺 树形（正常）　　🔺 种皮黄色

2 南方红豆杉 *Taxus wallichiana* var. *mairei*

科属：红豆杉科红豆杉属	别名：美丽红豆杉
应用分布：我国长江流域及其以南各地山地	观赏特性：观树姿、假种皮红色
习性：耐阴，喜温暖湿润气候	园林用途：园景树、盆景树

观赏佳期	1	2	3	4	5	6	7	8	9	10	11	12

识别要点

　　常绿乔木。叶线形，通常镰状弯曲，边缘略有反卷，背面中脉与气孔带不同色，质地较厚，叶在枝上呈羽状二列。花期3~4月，种子10~11月成熟。

其他用途

　　南方优良用材树种。

🔻 枝叶

🔻 结种枝

🔻 种子外具红色肉质杯状假种皮

3 榧树 *Torreya grandis*

科属：红豆杉科榧属	观赏特性：观树姿、假种皮
应用分布：我国江苏南部、浙江、福建北部、安徽南部及湖南一带	园林用途：园景树、风景林，树冠整齐，适合孤植、列植
习性：耐阴，喜温暖湿润气候，不耐寒	

观赏佳期	1	2	3	4	5	6	7	8	9	10	11	12

识别要点

常绿乔木。树皮黄灰色纵裂。叶条形，直而不弯，中脉不明显，背面有 2 条黄白色气孔带。种子长圆形，成熟时假种皮紫褐色。花期 4~5 月，种子翌年 10 月成熟。

其他用途

栽培变种香榧有众多品种，是著名坚果。

🔺 长圆形种子　　🔺 榧树叶片　　🔺 榧树叶片（左）与南方红豆杉叶片（右）

4 三尖杉 *Cephalotaxus fortunei*

科属：三尖杉科三尖杉属						观赏特性：观树姿					
应用分布：我国河南、陕西、甘肃南部至长江流域及以南地区						园林用途：园景树、风景林					
习性：喜温暖湿润气候，耐阴，不耐寒											
观赏佳期	1	2	3	4	5	6	7	8	9	10	11	12

识别要点

常绿乔木。雌雄异株。小枝对生，基部有宿存芽鳞。叶线状披针形排成假二列，叶端尖，叶基楔形，叶背有 2 条白色气孔线。花期 3~4 月，种子 8~10 月成熟。

其他用途

材质富弹性，宜做扁担、农具柄用；种子含油率高，可供工业用，也可入药，有止咳、润肺、消积之效。

🍃 树姿

🍃 枝叶

🍃 叶的正面与背面

🍃 具种子的枝

5 粗榧 *Cephalotaxus sinensis*

科属：三尖杉科三尖杉属	观赏特性：观树姿，秋季红褐色假种皮
应用分布：我国特产，河南、陕西、甘肃南部至长江流域及其以南地区，北京有引种栽植	园林用途：园景树、木本地被、植篱树、基础种植、背景树
习性：喜光，喜温暖气候，有一定耐寒性，喜富含有机质的壤土；耐修剪，生长缓慢，不耐移植	

观赏佳期	1	2	3	4	5	6	7	8	9	10	11	12

🌿 识别要点

常绿灌木或小乔木。雌雄异株。树皮灰色或灰褐色，裂成薄片状脱落。叶条形，排成假二列，先端渐尖或微凸尖，背面有 2 条白色气孔带。假种皮肉质，熟时呈红褐色，种子核果状，全部为假种皮包被。花期 3~4 月，种子 10~11 月成熟。

△ 粗榧树形　　　　　　　△ 枝叶

△ 具种子的枝　　枝叶正面　　枝叶背面

△ 三尖杉（左）、粗榧（右，带雄球花枝）

🌳 其他用途

木材坚实，可做农具及工艺等用。叶、枝、种子、根可提取多种植物碱。

6 竹柏 *Nageia nagi*

科属：罗汉松科竹柏属		别名：竹叶柏、猪肝树、椰树等	
应用分布：我国长江流域及其以南各地		观赏特性：观树姿、观叶	
习性：耐阴，不耐寒；寿命长；抗有毒气体、抗虫		园林用途：园景树、行道树、盆栽及盆景树	

观赏佳期	1	2	3	4	5	6	7	8	9	10	11	12

识别要点

常绿乔木。叶对生，革质，形状大小与竹叶相似，无明显中脉。种子球形，种托木质，不膨大，假种皮暗紫色，被白粉。花期 3~5 月，种子 10 月成熟。

其他用途

可做建筑、造船、家具、工厂用材；种仁油供食用及工业用。

🔺 树姿树形

🔺 干皮

🔺 枝叶

🔺 具种子的枝

7 长叶竹柏 *Nageia fleuryi*

科属：罗汉松科竹柏属		观赏特性：观树姿、树叶		
应用分布：我国华南、台湾及云南；越南、柬埔寨也有分布		园林用途：园景树、园路树、行道树		
习性：耐阴，不耐寒，其他同竹柏				

观赏佳期	1	2	3	4	5	6	7	8	9	10	11	12

🌾 识别要点

常绿乔木。叶卵状椭圆形至卵状披针形，先端渐尖，基部楔形，厚革质。种子圆球形，成熟时假种皮蓝紫色。

🌳 其他用途

木材纹理直、结构细而均匀，为高级建筑、上等家具、乐器、器具及雕刻等用材。

🔺 树姿树形

🔺 枝叶

🔺 叶片与竹柏（右）对比

🔺 具雄球花枝

8 罗汉松 *Podocarpus macrophyllus*

科属: 罗汉松科罗汉松属	别名: 土杉
品种: '短小叶'、'斑叶'	变种: 小叶罗汉松、柱冠罗汉松
应用分布: 在我国长江以南各地均有栽培，日本也有分布	观赏特性: 观树姿、种托熟时红色
习性: 耐阴，不耐寒；长寿树种；抗污染	园林用途: 园景树、盆栽及盆景树

观赏佳期	1	2	3	4	5	6	7	8	9	10	11	12

识别要点

常绿乔木。树皮灰色，浅裂；枝条短而横斜密生。叶条状披针形，叶端尖，两面中脉显著，叶螺旋状互生。种子核果状，着生于肥大肉质种托上，成熟时紫红色。花期4~5月，种子8~11月成熟。

其他用途

种托成熟后，酸甜可食。木材致密且耐水，少虫害，可做水桶、建筑等用。

⌂ 条状披针形叶片

⌂ 种子及种托

⌂ 枝叶

9 雪松 *Cedrus deodara*

科属：松科雪松属	别名：塔松、香柏、喜马拉雅雪松
应用分布：产于喜马拉雅山脉西部阿富汗至印度山区；我国南北各地均有栽培	观赏特性：观树姿
习性：喜光，喜冷凉、耐寒、耐旱、忌积水；浅根性	园林用途：园景树、园路树、行道树

观赏佳期	1	2	3	4	5	6	7	8	9	10	11	12

识别要点

常绿乔木。大枝常平展，不规则轮生；小枝略下垂。叶针形，灰绿色，幼时有白粉，在长枝上呈螺旋状散生，在短枝的枝端簇生。球果椭圆状卵形。

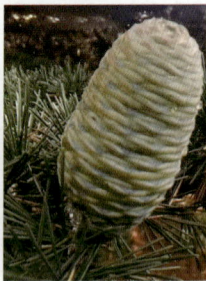

▲ 树姿树形

其他用途

木材纹理通直、材质坚实，可做建筑、桥梁、造船、家具等用。

▲ 雄球花　　　▲ 雌球花　　　▲ 球果成熟种鳞张开

10 金钱松 *Pseudolarix amabilis*

科属：松科金钱松属	观赏特性：观树姿、秋色叶金黄
应用分布：中国特产，分布于长江中下游及以南	园林用途：园景树、盆栽及盆景树、孤植或丛植

习性：喜光，喜温暖湿润气候，适于中性至酸性土壤；不耐干旱和积水；深根性												
观赏佳期	1	2	3	4	5	6	7	8	9	10	11	12

🌿 识别要点

落叶乔木。雌雄同株。叶条形，柔软，在长枝上螺旋状排列，在短枝上簇生，呈辐射状平展，长短不一致。球果卵圆形或倒卵形，直立，当年成熟。种鳞木质，脱落；种子有翅。

🌳 其他用途

木材可做建筑、板材、家具及木纤维工业原料等；树皮及根等可入药。

🔺 树姿树形

🔺 枝叶

🔺 条形叶片呈辐射状平展

🔺 大孢子叶球

11 马尾松 *Pinus massoniana*

科属：松科松属	别名：青松、山松
应用分布：我国陕西汉北流域以南及河南西部以南，是长江流域及其以南地区主要造林树种	观赏特性：观树姿
习性：喜强光，喜温暖湿润气候、耐短时 –18℃低温，喜酸性黏质土壤，耐干旱瘠薄，不耐水涝和盐碱；对氯气有较强抗性	园林用途：园景树、园路树、行道树、风景林、盆景

观赏佳期	1	2	3	4	5	6	7	8	9	10	11	12

识别要点

常绿乔木。1 年生枝淡黄褐色，无白粉。叶 2 针 1 束，质地柔软。球果卵圆形。花期 4~5 月，球果翌年 10~12 月成熟。

其他用途

长江流域及其以南地区优良的荒山造林树种。木材可做建筑、枕木、矿柱、纤维等用材。其松脂是制造松香、松节油的重要原料。

🔺 树姿

🔺 干皮

🔺 针叶

12 赤松 *Pinus densiflora*

科属：松科松属	别名：日本赤松、辽东赤松
品种：'平头''球冠''花叶'	观赏特性：观树皮、树姿优美
应用分布：我国黑龙江、吉林长白山区、山东半岛、辽宁中部至辽东半岛、朝鲜半岛等地	园林用途：园景树，树皮橙红、斑驳，幼时树形整齐，老时虬枝弯垂
习性：喜强光，喜酸性或中性排水良好的土壤，在石灰质、沙地及多湿处生长略差；深根性，抗风力强	

观赏佳期	1	2	3	4	5	6	7	8	9	10	11	12

🌿 识别要点

常绿乔木。树冠圆锥形或扁平伞形。树皮橙红色，呈不规则状薄片剥落。1年生小枝橙黄色，略有白粉。叶2针1束。球果长圆形。

🌳 其他用途

木材耐腐，可供建筑、家具、枕木、木纤维工业原料等用；树干可提取松香及松节油；种子榨油可供食用及工业用；针叶提取芳香油。

🔺 枝叶

🔺 树姿　　🔺 橙红色干皮　　🔺 赤松　　🔺 '花叶'赤松

13 长叶松 *Pinus palustris*

科属：松科松属	别名：大王松
应用分布：原产美国东南沿海及亚热带南部；我国杭州、上海、无锡、福州、南京引种栽培	观赏特性：观树姿、暗绿色下垂针叶
习性：喜湿热的海洋性气候	园林用途：园景树

观赏佳期	1	2	3	4	5	6	7	8	9	10	11	12

🌾 识别要点

常绿乔木。冬芽长圆形，银白色。叶 3 针 1 束，长 20~45cm，呈垂发状，暗绿色；叶鞘宿存，丛聚于小枝先端。花期 4~5 月，球果翌年 10 月成熟。

🌳 其他用途

可做东南沿海各地造林树种。

△ 干皮

△ 树姿

△ 暗灰绿色垂发状针叶

14 日本五针松 *Pinus parviflora*

科属：松科松属	别名：五针松、日本五须松、五钗松
应用分布：原产日本；我国华东地区常见栽培，青岛、北京引种栽培	观赏特性：观树姿、针叶短而翠绿
习性：耐阴性较强，对土壤要求不严，喜深厚湿润而排水良好的酸性土	园林用途：珍贵园林树种，可做园景树、盆栽及盆景树

观赏佳期	1	2	3	4	5	6	7	8	9	10	11	12

识别要点

常绿乔木。树皮灰黑色，不规则鳞片状剥裂。小枝密生黄色柔毛。叶蓝绿色，5针1束，较短细，有白色气孔线；树脂道2，边生；叶鞘早落。球果卵圆形或卵状椭圆形。

其他用途

木材耐腐，可供建筑、枕木及木纤维工业原料等用；树干可割取树脂；树皮可提取栲胶；针叶提取芳香油。

🍃 鳞片状剥裂的灰黑色树皮

🍃 蓝绿色针叶

15 乔松 *Pinus wallichiana*

科属：松科松属	品种：'矮生' '斑叶'
应用分布：我国西藏南部和云南西北部	观赏特性：观树姿、灰绿色下垂针叶
习性：喜光，稍耐阴，喜酸性土，较耐寒，耐干旱；生长快	园林用途：园景树，在绿地上孤植和散植

观赏佳期	1	2	3	4	5	6	7	8	9	10	11	12

识别要点

常绿乔木。树皮灰褐色，裂成小块片脱落。叶 5 针 1 束，长 12~20cm，细柔下垂，灰绿色；白色气孔线明显。

其他用途

材质优良，可做建筑、器具等用材，也可提取松脂。是西藏南部及东南部主要造林树种。

🌿 树姿　　　　　　　　　　🌿 细柔下垂的灰绿色针叶

16 湿地松 *Pinus elliottii*

科属：松科松属		观赏特性：观树姿
应用分布：原产美国东南部；我国长江流域至华南地区有引种栽培		园林用途：风景林、园景树
习性：速生，喜光，耐 40℃的高温和 –20℃的低温；耐水湿，但长期积水生长不良		

观赏佳期	1	2	3	4	5	6	7	8	9	10	11	12

🌿 识别要点

常绿乔木。针叶 2 针、3 针 1 束并存，粗硬，深绿色，有光泽，腹背两面均有气孔线；叶缘具细锯齿。球果常 2~4 个聚生。花期 3~4 月，果期翌年 10~11 月。

🌳 其他用途

我国长江以南广大地区优良造林树种。

🔺 树姿　　🔺 灰褐色干皮块状剥落　　🔺 针叶

17 日本冷杉 *Abies firma*

科属：松科冷杉属	观赏特性：观树姿
应用分布：原产日本；我国辽宁、山东、江苏、浙江、江西及台湾等地引种栽培	园林用途：园景树
习性：耐阴性强，喜凉爽湿润气候	

观赏佳期	1	2	3	4	5	6	7	8	9	10	11	12

🌿 识别要点

常绿乔木。树皮粗糙或鳞片状开裂。叶条形，顶端二叉状。球果圆柱形。花期 4~5 月，种子翌年 10 月成熟。

🌳 其他用途

造林树种；木材可供家具、建筑等用。

🔺 鳞片状开裂的树皮

🔺 枝叶

🔺 条形叶

18 黑松 *Pinus thunbergii*

科属：松科松属	别名：日本黑松
品种：'花叶' '蛇目' '虎斑' '垂枝' '锦松'	观赏特性：观树姿、冬芽白色
应用分布：原产日本及朝鲜；我国山东沿海、辽东半岛、江苏、浙江、安徽等地有栽培	园林用途：盆栽及盆景树、园景树
习性：喜光，幼时稍耐阴，喜温暖湿润的海洋性气候，耐海潮风，喜生于干燥沙质壤土，耐瘠薄	

观赏佳期	1	2	3	4	5	6	7	8	9	10	11	12

识别要点

常绿乔木。冬芽圆筒形，银白色。叶 2 针 1 束，粗硬；叶鞘宿存。球果圆锥状卵形至圆卵形，有短柄，熟时褐色。花期 4~5 月，种子翌年 10 月成熟。

其他用途

树形高大雄伟，叶色暗绿，为著名的海岸绿化树种。

枝叶

树姿树形

灰黑色树皮

19 水杉 *Metasequoia glyptostroboides*

科属: 杉科水杉属							品种: '垂枝' '金叶'						
应用分布: 中国特产, 分布于我国四川东部、湖北西南和湖南西北的山区, 我国南北方均有栽培							观赏特性: 观树姿、秋色叶						
习性: 喜光, 喜温暖气候及湿润、肥沃而排水良好的土壤, 长期积水及过于干旱生长不良							园林用途: 园景树、行道树、园路树、著名孑遗树种, 秋叶美丽, 适于水边种植观赏						
观赏佳期	1	2	3	4	5	6	7	8	9	10	11	12	

△ 下垂的枝叶　　△ 羽状对生扁平线形叶

识别要点

落叶乔木。大枝不规则轮生, 小枝对生。叶扁平线形, 对生, 羽状排列。球果近球形, 长 1.8~2.5cm。花期 2 月, 球果 11 月成熟。

其他用途

生长快, 可做造林及"四旁"绿化。材质轻软, 可做板材、木纤维工业原料等用材。

△ 水杉、池杉、落羽杉、水松树形　　△ 圆锥状树形　　△ 灰褐色树干

20 池杉 *Taxodium distichum var. imbricarium*

科属：杉科落羽杉属	别名：池柏
变种：垂枝池杉、线叶池杉	观赏特性：观树姿、秋色叶、膝状根
应用分布：原产美国东南部；我国长江地区、华北南部引种栽培	园林用途：园景树、行道树、园路树
习性：喜光，喜温热气候，也有一定耐寒性，极耐水湿，也颇耐干旱，不耐碱性土；抗风力强；生长较快	

观赏佳期	1	2	3	4	5	6	7	8	9	10	11	12

🌿 识别要点

落叶乔木。有膝状呼吸根。树皮纵裂，长条片脱落。大枝向上伸展，脱落性小枝直立向上。叶钻形略扁，贴近小枝，叶片不呈二列状；秋色叶鲜褐色。花期3月，球果10~11月成熟。

🌳 其他用途

木材重，耐腐，可做建筑、家具、造船等用材。我国江南低湿地区造林树种。

⬤ 脱落性小枝直立　　⬤ 各种叶形及大、小孢子叶球

⬤ 尖塔形树冠　　⬤ 树干　　⬤ 膝状根　　⬤ 秋色

21 落羽杉 *Taxodium distichum*

科属：杉科落羽杉属	别名：落羽松
品种：'塔形''飞瀑'	观赏特性：观树姿、秋色叶
应用分布：原产美国；我国长江流域及以南地区有栽培	园林用途：园景树、园路树，树形美丽，秋叶红褐色，适合水边种植观赏
习性：喜光，耐水湿，有一定耐寒能力；生长较快	

观赏佳期	1	2	3	4	5	6	7	8	9	10	11	12

🌾 识别要点

落叶乔木。树皮赤褐色，长条状剥落。干基膨大，具膝状呼吸根。大枝近水平开展，侧生短枝排成二列。叶扁平条形，互生，羽状二列。花期3月，球果翌年10月成熟。

🔺 枝

🔺 根

🔺 枝叶

🌳 其他用途

木材重，耐腐，可做建筑、家具、造船等用材。我国江南低湿地区造林树种。

22 水松 *Glyptostrobus pensilis*

科属：杉科水松属	观赏特性：观树姿、秋色叶、针状叶、膝状根
应用分布：中国特产；零星分布于华南和西南地区	园林用途：园景树、树姿优美，秋叶红褐色，适于水边种植观赏
习性：喜光，喜温暖多雨气候及酸性土壤，不耐寒，极耐水湿	

观赏佳期	1	2	3	4	5	6	7	8	9	10	11	12

识别要点

半常绿性乔木。干皮松软，长片状剥落；干基常膨大，有膝状呼吸根。叶三型，鳞形叶宿存于主枝，钻形叶与条形叶冬季与小枝同落。种子基部有尾状长翅。花期 1~2 月，球果秋后成熟。

其他用途

材质轻软，耐水湿，可做桥梁、家具用材；根部可做瓶塞等软木用具；树皮可制皮革；根系发达，可做固堤护岸和防风用。

🔾 基部膨大的树干　　　🔾 枝叶

23 柳杉 *Cryptomeria japonica var. sinensis*

科属：杉科柳杉属	**别名**：孔雀杉、长叶柳杉、木沙椤树
应用分布：我国浙江、安徽、福建及江西	**观赏特性**：观树姿、钻形叶
习性：喜温暖湿润气候及肥厚、湿润、排水良好的酸性土壤，不耐寒	**园林用途**：园景树、行道树、风景林

观赏佳期	1	2	3	4	5	6	7	8	9	10	11	12

🌿 识别要点

常绿乔木。大枝平展，小枝下垂。叶钻形，先端略内曲。种鳞约 20 片，每片有种子 2 粒。花期 4 月，果期 10~11 月。

🌳 其他用途

材质轻软，易加工，可做建筑、家具及造纸原料等用材。

🔺 树形树姿

🔺 树干

🔺 小枝及小孢子叶球

24 日本柳杉 *Cryptomeria japonica*

科属：杉科柳杉属	品种：'猿尾''扁叶''千头''鸡冠''卷叶''塔形''银芽''雪冠''冬青''矮生'等										
应用分布：原产日本；我国长江流域有分布	观赏特性：观树姿、钻形叶										
习性：喜光耐阴，喜温暖湿润气候，耐寒，畏高温炎热，忌干旱；适生于深厚肥沃、排水良好的沙质壤土，积水时易烂根；对二氧化硫等有毒气体吸收能力强	园林用途：园景树										
观赏佳期	1	2	3	4	5	6	7	8	9	10	11	12

🌿 识别要点

常绿乔木。小枝略下垂。叶钻形，先端通常不内曲。种鳞 20~30 片，每片有种子 2~5 粒。花期 4 月，果期 10 月。

🌳 其他用途

日本主要造林树种。木材供建筑、桥梁、造船、家具等用。

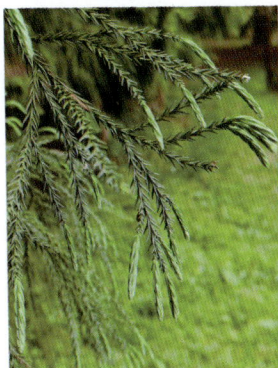

🌱 枝叶　　　　🌱 小孢子叶球　　　　🌱 大、小孢子叶球

25 杉木 *Cunninghamia lanceolata*

科属：杉科杉木属	别名：沙木、沙树、刺杉
应用分布：我国秦岭、淮河以南各地丘陵及中低山地带分布	观赏特性：观树姿、披针形叶
习性：喜光，喜温暖湿润气候及深厚、肥沃、排水良好的酸性土壤，不耐水淹和盐碱	园林用途：园景树、风景林，宜群植成林或列植道旁

观赏佳期	1	2	3	4	5	6	7	8	9	10	11	12

识别要点

常绿乔木。叶线状披针形，硬革质，边缘有细锯齿；螺旋状着生，在侧枝上常扭成二列状。花期4月，果期10月。

△ 枝叶

其他用途

长江以南温暖地区最重要的速生用材树种。

△ 树形　　　　　　△ 树姿

26 北美红杉 *Sequoia sempervirens*

科属：杉科北美红杉属	别名：红杉、红木杉、长叶世界爷
应用分布：原产美国；我国杭州、上海、南京等有引种栽培	观赏特性：观树姿
习性：耐弱光，喜温凉湿润气候及排水良好的土壤；生长快，寿命长，根萌蘖能力强	园林用途：园景树、风景林、孑遗树种，世界著名树种

观赏佳期	1	2	3	4	5	6	7	8	9	10	11	12

识别要点

常绿大乔木，高可达110m以上。叶二型，主枝上的叶卵状长椭圆形，螺旋状排列；侧枝上的叶条形，羽状二列。种鳞盾形，种子两侧有翅。球果当年成熟。

其他用途

世界著名速生珍贵大径级建筑用材树种。

🔺 树形树姿

🔺 枝叶

27 北美香柏 *Thuja occidentalis*

科属：柏科崖柏属	别名：美国香柏、香柏、美国侧柏、金钟柏
品种：'金球' '丝绒'	观赏特性：观树姿、球果
应用分布：原产北美东部；我国南京、庐山、青岛、北京等地有栽培	园林用途：园景树
习性：喜光，耐阴，对土壤要求不严，能生长于温润的碱性土中；生长较慢，寿命长；耐修剪，抗烟尘和有毒气体的能力强	

观赏佳期	1	2	3	4	5	6	7	8	9	10	11	12

识别要点

常绿乔木。小枝片扭旋近水平或斜向排布。鳞叶先端突尖，鳞叶具发香的油腺点。球果长卵形，似木兰属的花蕾。花期 4 月，球果 9~10 月成熟。

其他用途

叶揉碎后有浓烈的苹果香气而受到人们的喜爱，可提炼香精。

🔺 树姿　　🔺 油腺点　　🔺 枝片及鳞叶　　🔺 球果

28 刺柏 *Juniperus formosana*

科属：柏科刺柏属	别名：台湾桧、山刺柏
品种：'蓝刺柏'	观赏特性：观树姿、刺叶
应用分布：分布广，我国特产种，大部分地区均有栽培	园林用途：园景树
习性：喜光，喜温暖湿润气候，常生于干旱瘠薄处	

观赏佳期	1	2	3	4	5	6	7	8	9	10	11	12

识别要点

常绿乔木。小枝下垂。刺叶线形，3 枚轮生，基部有关节，不下延；正面微凹有 2 条白粉带，在先端会合。球果近球形。

其他用途

可做水土保持的造林树种。木材致密、耐水，可做家具、木船等。

△ 树形树姿

△ 线形刺叶

29 日本扁柏 *Chamaecyparis obtusa*

科属：柏科扁柏属	别名：扁柏、钝叶花柏
品种：'孔雀''洒金孔雀''云片''洒金云片'	观赏特性：观树姿
应用分布：原产日本；我国青岛、河南南部至长江流域及台湾有栽培	园林用途：园景树、风景林
习性：略耐阴，喜凉爽而温暖湿润气候；喜生于排水良好的土壤	

观赏佳期	1	2	3	4	5	6	7	8	9	10	11	12

识别要点

常绿乔木，树冠尖塔形。干皮赤褐色。鳞叶尖端较钝，两侧鳞叶对生呈"Y"形，远较中间叶大。果球形。花期4月，球果10月成熟。

其他用途

木材芳香、材质坚韧耐腐，可做建筑、造纸及木纤维工业原料。

树形

小枝鳞叶

球果枝

30 日本花柏 *Chamaecyparis pisifera*

科属：柏科扁柏属	别名：五彩松
品种：'绒柏''金线''卡柏''凤尾'	观赏特性：观树姿
应用分布：原产日本；我国青岛及长江流域各城市有栽培	园林用途：园景树、植篱树
习性：较耐阴，喜温暖湿润气候及深厚的沙壤土，耐寒性、耐旱性较日本扁柏差，生长较慢	

观赏佳期	1	2	3	4	5	6	7	8	9	10	11	12

🌿 识别要点

常绿乔木。与日本扁柏相近，区别在于：生鳞叶小枝下面白粉显著，鳞叶先端锐尖，两侧叶较中间叶稍长；球果较小。花期1~4月，球果10~11月成熟。

🌳 其他用途

材质轻，遇水不易变形，多制作水桶等用品，也可做漆器基材等。

树形树姿

❹ 果枝（从左至右：日本花柏、福建柏、日本扁柏）

❹ 鳞叶背面气孔线

31 柏木 *Cupressus funebris*

科属：柏科柏木属	观赏特性：观树姿
应用分布：我国秦岭、大巴山、大别山以南，西至四川、云南，南至华南北部	园林用途：园景树，最宜群植或列植
习性：喜光，略耐侧方遮阴，喜暖热湿润气候，不耐寒，对土壤要求不严，但以钙质土最好	

观赏佳期	1	2	3	4	5	6	7	8	9	10	11	12

识别要点

常绿乔木。小枝扁平下垂，排成一平面。全为鳞叶（偶有刺叶），两面同形，绿色；先端尖锐，中部叶背有腺点，两侧的叶背部有棱脊。球果球形。

△ 树姿

△ 下垂的枝叶

其他用途

为中亚热带石灰岩山地钙质土的指示植物。木材心材大，有香气，耐湿抗腐；球果、枝叶、根可入药。

△ 小枝鳞叶偶有刺叶

△ 从左至右：日本扁柏、柏木、北美香柏、侧柏、日本花柏

32 福建柏 *Fokienia hodginsii*

科属：柏科福建柏属	别名：建柏、滇福建柏、广柏
应用分布：我国南部与西南地区	观赏特性：观树姿
习性：耐湿性强，喜冷凉湿润气候和肥沃的土壤	园林用途：园景树

观赏佳期	1	2	3	4	5	6	7	8	9	10	11	12

🌿 **识别要点**

常绿乔木。枝、叶似罗汉柏。鳞叶质地较薄，2 对交叉对生，呈节状，中央之叶露出部分楔形，较两侧窄或近等宽。

🌳 **其他用途**

生长快，木材质地好，可做造林树。

🔺 树形树姿　　🔺 小枝鳞叶正面（左）、背面（右）

33 海桐 *Pittosporum tobira*

科属：海桐科海桐属		别名：海桐花
应用分布：我国江苏南部、浙江、福建、台湾、广东等地		观赏特性：观树姿、花、果
习性：喜光略耐阴，喜温暖湿润气候及肥沃湿润土壤，有一定耐寒性，华北地区小气候保护能露地越冬，对土壤要求不严；萌芽力强，耐修剪，抗海潮风		园林用途：园景树、植篱树

观赏佳期	1	2	3	4	5	6	7	8	9	10	11	12

识别要点

常绿灌木或小乔木。叶革质，倒卵状椭圆形，先端圆钝或微凹，基部楔形，边缘反卷，全缘。顶生伞房花序，花白色或淡黄绿色，芳香。蒴果卵球形，熟时 3 瓣裂。种子假种皮鲜红色。花期 5 月，果 10 月成熟。

△ 绿篱

△ 枝叶

其他用途

抗海潮风及二氧化硫等有毒气体能力较强。

△ 花枝

△ 果枝

△ 蒴果开裂露出红色假种皮

34 枫香 *Liquidambar formosana*

科属：金缕梅科枫香属	别名：枫香树、路路通、小枫香树
应用分布：我国秦岭及淮河以南至华南、西南各地	观赏特性：树姿挺拔、秋色叶红或黄色
习性：喜光，喜温暖湿润气候，耐干旱瘠薄，抗风；生长快，萌芽性强	园林用途：园景树，秋叶鲜艳美观，是南方著名秋色叶树种

观赏佳期	1	2	3	4	5	6	7	8	9	10	11	12

识别要点

落叶乔木。树干上有眼状枝痕。单叶互生，掌状 3 裂，缘有齿，基部心形。花单性同株，无花瓣，雄花具尖薄齿。果集成球形果序，宿存花柱及萼齿针刺状。花期 3~4 月，果期 10 月。

🍂 秋色落叶与落果

其他用途

木材可做建筑、家具、包装箱材，根、叶及果实可入药。

🍃 树形树姿

🍃 新叶红色

35 蚊母树 *Distylium racemosum*

科属：金缕梅科蚊母树属		品种：'斑叶'
应用分布：我国东南沿海各地，上海、南京一带常栽，北京也有栽培		观赏特性：观花、果
习性：栽培常呈灌木状，较耐寒，北京需小气候保护；抗烟尘及多种有害气体		园林用途：园景树、植篱树、背景树

观赏佳期	1	2	3	4	5	6	7	8	9	10	11	12

🌾 识别要点

常绿乔木。嫩叶及裸芽被垢鳞；单叶互生，倒卵状长椭圆形，全缘或近端略有齿裂状，先端钝或稍圆；侧脉在表面不显著，在背面显著；革质而有光泽，无毛。短总状花序腋生，具星状短柔毛。花小而无花瓣，但红色雄蕊十分显眼，蒴果端有2宿存花柱。花期4~5月，果期9月。

🔺 树形树姿

🌳 其他用途

树皮可制栲胶，木材可做家具、车辆等用材。

🔺 枝叶　　　🔺 果枝

36 红花檵木 *Loropetalam chinense var. rubrum*

科属：金缕梅科檵木属	**别名**：红檵木、红檵花、红桎木
品种：'大红袍''红红袍''淡红袍''紫红袍''珍珠红'	**观赏特性**：花叶皆美
应用分布：我国华东、华南及西南各地	**园林用途**：花果树、植篱树、盆景树
习性：稍耐阴，喜温暖气候及酸性土壤，不耐寒	

观赏佳期	1	2	3	4	5	6	7	8	9	10	11	12

识别要点

常绿灌木或小乔木。叶暗紫色。花紫红色，花瓣细长。

其他用途

花、叶、根可药用。

🔺 花篱

🔺 树形树姿

🔺 花枝

🔺 细长的紫红色花瓣

37 檵木 *Loropetalon chinense*

科属：金缕梅科檵木属		别名：檵花、白彩木、大叶檵木		
品种：'斑叶'		观赏特性：白花绿叶、树形优美		
应用分布：我国华东、华南及西南各地		园林用途：花果树、植篱树、盆景树		
习性：稍耐阴，喜温暖气候及酸性土壤，不耐寒，耐干旱、瘠薄				

观赏佳期	1	2	3	4	5	6	7	8	9	10	11	12

🌿 识别要点

常绿灌木或小乔木。小枝、嫩叶及花萼均有锈色星状短柔毛。单叶互生，卵形或椭球形，先端短尖，基部不对称，全缘。花瓣4，带状条形，黄白色；3~8朵簇生小枝端。蒴果2瓣裂。花期4~5月，果期8月。

🌳 其他用途

根、叶、花、果均可入药。

⚘ 枝叶

⚘ 花枝

⚘ 果枝

38 金缕梅 *Hamamelis mollis*

科属: 金缕梅科金缕梅属	品种: '橙花'
应用分布: 我国长江流域	观赏特性: 花色艳丽, 花形优美、秋色叶
习性: 喜光, 耐半阴, 喜排水良好的沙质壤土; 生长慢	园林用途: 花果树、植篱树, 早春先花后叶, 迎雪开放, 秋叶黄色或红色

观赏佳期	1	2	3	4	5	6	7	8	9	10	11	12

🌿 识别要点

　　落叶灌木或小乔木。枝幼时密星状茸毛, 裸芽有柄。单叶互生, 倒广卵形, 基部歪心型, 缘有波状齿, 背面有茸毛。花瓣4, 狭长如带, 黄色, 基部常带红色, 花萼深红色, 芳香; 花簇生, 叶前开放。蒴果卵球形。花期2~3月, 果期10月。

🌳 其他用途

　　花朵提取物有美容和抗衰老作用。

⚫ 卵球形蒴果

⚫ 树形树姿　　　⚫ 花　　　⚫ 带柄裸芽　　　⚫ 叶背有茸毛

39 榉树 *Zelkova serrata*

科属：榆科榉树属	别名：大叶榉、光叶榉、鸡油树
应用分布：我国中部、南部及东部地区	观赏特性：观树姿、秋色叶
习性：喜光，稍耐阴，喜温暖气候及肥沃湿润土壤，耐烟尘，抗病虫害；寿命较长；深根性；抗风力强	园林用途：行道树、园路树、庭荫树、园景树，枝叶细密，树形优美，秋景园常用树种之一。在古典私家园林中使用，有"高中举人"之意

观赏佳期	1	2	3	4	5	6	7	8	9	10	11	12

🌿 识别要点

落叶乔木。树皮不裂。1年生小枝红褐色，密被柔毛。叶小而厚，卵状椭圆形，锯齿整齐（近桃形），正面粗糙，背面密生浅灰色柔毛。核果歪斜。

🌳 其他用途

树干端直，可做用材树，也可做盆景树。

🔺 枝叶　　🔺 叶片边缘桃形锯齿　　🔺 树形树姿　　🔺 榉树秋色

40 朴树 *Celtis sinensis*

科属：榆科朴树属		别名：沙朴			
应用分布：我国淮河流域、秦岭至长江中下游		观赏特性：观黄色、橙红果、秋色叶			
习性：喜光，稍耐阴，对土壤要求不严，耐轻盐碱；深根性，抗风力强，抗烟尘及有毒气体；生长较慢，寿命长		园林用途：园景树、庭荫树、工矿区绿化树			
观赏佳期	1 2 3 4 5 6		7 8 9 10 11 12		

🌿 识别要点

　　落叶乔木。小枝幼时有毛。叶卵形或卵状椭圆形，基部不对称，中部以上有浅钝齿，表面有光泽，背脉隆起并有疏毛。果黄色或橙红色，单生或2（3）个并生；果柄与叶柄近等长。花期4月，果期9~10月。

🌳 其他用途

　　可做工厂绿化及防风、护堤树种；也可做盆景材料。

🔘 果柄与叶柄近等长

🔘 枝叶

41 小叶朴 *Celtis bungeana*

科属：榆科朴树属		别名：黑弹树、黑弹朴
应用分布：我国东北南部、华北、长江流域及西南各地		观赏特性：树皮浅灰色、黑果
习性：喜光，也较耐阴，耐寒，耐旱，喜黏质土；深根性，萌芽力强，生长慢，寿命长		园林用途：庭荫树、风景林、园路树、盆景树

观赏佳期	1	2	3	4	5	6	7	8	9	10	11	12

🌿 识别要点

落叶乔木。小枝通常无毛。叶长卵形，先端渐尖，基部不对称，中部以上有浅钝齿或近全缘，两面无毛。果单生，熟时紫黑色；果柄长为叶柄长的 2 倍以上。花期 4~5 月，果期 10~11 月。

🌳 其他用途

河岸防风固堤和荒山造林树种。木材坚硬，可供工业用材；茎皮为造纸原料，树皮、果实入药。

🔻 果柄长约叶柄 2 倍　　🔻 枝叶　　🔻 黑色核果

42 青檀 *Pteroceltis tatarinowi*

科属：榆科青檀属						别名：翼朴、檀树、摇钱树					
应用分布：中国特产，黄河流域、长江流域及两广地区有分布						观赏特性：观树姿、干皮、秋叶及果实					
习性：喜光，稍耐阴，耐干旱瘠薄，喜生于石灰岩山地；根系发达，萌芽力强；寿命长						园林用途：庭荫树、园景树					
观赏佳期	1	2	3	4	5	6	7	8	9	10	11	12

识别要点

落叶乔木。树皮长片状剥落。单叶互生，卵形，先端长尖或渐尖，基部全缘，3主脉，侧脉不直达齿端。小坚果周围有薄翅。

其他用途

树皮是制造宣纸的好材料；木材坚硬细致，可做车轴、家具、建筑等；种子可榨油。

○ 树形树姿
○ 干皮

○ 枝叶
○ 翅果

43 珊瑚朴 *Celtis julianae*

科属：榆科朴树属	别名：大果朴
应用分布：我国长江流域及河南、陕西、福建、广东北部等地	观赏特性：观树姿，果实橘红色
习性：喜光，稍耐阴，也耐干旱；深根性，生长较快	园林用途：行道树、庭荫树、园景树，树高干直，冠大荫浓，姿态优美

观赏佳期	1	2	3	4	5	6	7	8	9	10	11	12

识别要点

落叶乔木。小枝、叶背、叶柄均密被黄褐色毛。叶较宽大，卵形至倒卵状椭圆形，背面网脉隆起，密被黄柔毛。核果大，径8mm左右，橙红色，单生叶腋。花期3~4月，10月果熟。

其他用途

茎皮纤维可做造纸、人造棉及代麻原料；木材可做建筑、家具等。

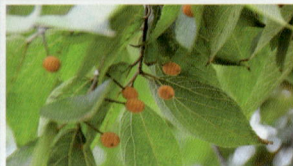

🌱 枝叶　　　🌱 橙红色核果

44 糙叶树 *Aphananthe aspera*

科属：榆科糙叶树属	别名：糙皮树、牛筋树、沙朴、加条、白鸡冲
应用分布：我国山西及东南部及南部地区有分布；朝鲜、日本、越南亦有分布	观赏特性：观树姿，秋叶黄色
习性：喜温暖湿润，在潮湿、肥沃而深厚的酸性土壤中生活良好；寿命长	园林用途：庭荫树、工矿绿化树

观赏佳期	1	2	3	4	5	6	7	8	9	10	11	12

🌿 识别要点

落叶乔木。树皮不易裂开。单叶互生，卵形至圆形，基部三主脉，两侧主脉之外侧又有平行支脉，侧脉直达齿端，叶面粗糙，有硬毛。核果球形，黑色。花期3~4月和9~10月，果熟期7~9月和10~11月。

🌳 其他用途

叶可代替砂纸使用；树皮纤维可制人造棉及造纸原料；木材可做家具、农具、建筑等。

根干　　　🔺 枝叶　　　🔺 果枝　　　 🔺 叶片

45 杨梅 *Myrica rubra*

科属：杨梅科杨梅属						别名：山杨梅、朱红、树梅					
应用分布：我国华东、华南、西南部						观赏特性：叶集生枝端、雄花序、紫红核果					
习性：不耐烈日直射，稍耐阴，耐湿，喜酸性土						园林用途：园景树、高篱					
观赏佳期	1	2	3	4	5	6	7	8	9	10	11	12

⬆ 叶背金色腺点

⬆ 幼果

⬆ 雄花序

🌿 识别要点

常绿乔木。株高可达15m 以上，胸径达 60cm 以上。叶片革质，无毛。单叶互生，两年以上脱落。常集生小枝上端。倒披针形，全缘或端部有锯齿。叶正面深绿，背面浅绿有金黄色腺点；花雌雄异株。雄花序单穗状，紫红色。雌花序常单生叶腋。雌花序多 1 稀 2，可发育成球状紫红色核果。花期 4 月，果 6~7 月成熟。

🌳 其他用途

江南地区著名水果。树皮富含单宁，可做赤褐色染料，也可做医药收敛剂。

46 柘 *Maclura tricuspidata*

科属：桑科柘树属	别名：黄桑、棉柘、灰桑
应用分布：我国华北、华东、中南、西南各地	观赏特性：秋叶黄色，红果美丽似荔枝
习性：适应性强，耐水湿，耐干旱瘠薄，为喜钙树种	园林用途：庭荫树、植篱树（刺篱）、荒山绿化

观赏佳期	1	2	3	4	5	6	7	8	9	10	11	12

🌾 识别要点

落叶小乔木，有时灌木状。小枝有刺。单叶互生，卵形至倒卵形，全缘，有时三浅裂。花单性异株，集成球形头状花序。聚花果近球形，成熟时橘红色，肉质。花期 5~6 月，果期 6~7 月。

🌳 其他用途

茎皮纤维可供造纸；根可药用；嫩叶可养蚕；果可生食或酿酒；心材黄色，皮硬细致，可做家具或做黄色梁材。

🔺 树形树姿　　🔺 枝刺

🔺 球形聚花果

47 苦槠 *Castanopsis sclerophylla*

科属：壳斗科栲属	别名：苦槠栲、结节锥栗、苦槠锥
应用分布：我国长江以南五岭以北各地及四川东部、贵州东北部	观赏特性：观树姿，果实总苞纹理
习性：喜光，稍耐阴，喜肥沃湿润土壤，也耐干旱瘠薄；深根性，萌芽性强，生长速度中等偏慢，寿命长；抗二氧化硫等有毒气体	园林用途：风景林、防护林、工厂绿化

观赏佳期	1	2	3	4	5	6	7	8	9	10	11	12

识别要点

常绿乔木。干皮浅纵裂，片状剥落。叶长椭圆形，中部以上有齿，稀全缘叶，背面有灰白色蜡层，厚革质。坚果生于总

△ 苦槠（最右）与其他树叶的背面对比

△ 带种子的枝

苞内，总苞表面有疣状苞片，果实成串。花期4~5月，果期10~11月。

△ 树形树姿

△ 花序

其他用途

木材致密、坚韧、有弹性，可做建筑、家具等用材。种仁可制粉条和苦槠豆腐。

48 麻栎 *Quercus acutissima*

科属：壳斗科栎属	别名：扁果麻栎、橡碗树
应用分布：我国辽宁南部经华北至华南地区，以黄河中下游及长江流域较多	观赏特性：观果、叶形有特色，秋叶黄褐色
习性：喜光，适应性强，耐干旱瘠薄；深根性，抗风力强，萌芽力强，生长较快	园林用途：风景林、园景树、庭荫树、园路树

观赏佳期	1	2	3	4	5	6	7	8	9	10	11	12
									9	10		

识别要点

落叶乔木。干皮交错深纵裂。叶有光泽，长椭圆状倒披针形，羽状侧脉直达齿端呈刺芒状，背面绿色，近无毛。

其他用途

重要的绿化、用材树种，也可做防风林、防火林。叶可饲柞蚕；种子可做饲料和工业用淀粉；壳斗、树皮可制栲胶。

△ 麻栎叶背（左）麻栎叶正面（中）栓皮栎叶背（右）

△ 果

△ 叶背　　△ 枝叶及干皮　　△ 交错深纵裂干皮

49 栓皮栎 *Quercus variabilis*

科属：壳斗科栎属	别名：软木栎、半日皮青冈
变种：塔形栓皮栎 (var. *pyramidalis*)	观赏特性：观树姿、果，叶形有特色，秋叶黄褐色
应用分布：我国华北、华东、中南及西南各地	园林用途：庭荫树、行道树，树干通直，树冠雄伟，是良好的绿化、观赏树
习性：喜光，对气候、土壤适应性强，耐寒、耐干旱瘠薄；深根性，抗风力强，不耐移植，萌芽力强，寿命长；树皮不易燃烧	

观赏佳期	1	2	3	4	5	6	7	8	9	10	11	12

🌾 识别要点

落叶乔木。树皮木栓层发达。叶长椭圆形或长椭圆状倒披针形，齿端具刺芒状尖头，叶背密被灰白色星状毛。花期 3~4 月，果翌年 9~10 月成熟。

⬥ 枝叶　　⬥ 果实（左麻栎、右栓皮栎）

🌳 其他用途

用材树种，木栓层可做软木；壳斗与树皮含单宁，可提取栲胶。也是防风林、防火林的好材料。

◀ 叶背有灰白色星状毛

50 青冈 *Cyclobalangpsis glauca*

科属：壳斗科青冈属	别名：青冈栎、铁桐、九棕
应用分布：我国广布于长江流域及以南各地，以及陕西、甘肃、西藏；朝鲜、日本、印度等亦有分布	观赏特性：观树姿、果
习性：幼树稍耐阴，大树喜光，喜温暖湿润气候及肥沃土壤；萌芽力强，耐修剪，深根性	园林用途：风景林、园景树、园路树；枝叶茂密，树姿优美，是良好的绿化、观赏及造林树种

观赏佳期	1	2	3	4	5	6	7	8	9	10	11	12

识别要点

常绿乔木。树皮薄而不裂。小枝青褐色无棱，幼时有毛，后脱落。叶倒卵状长椭圆形至长椭圆形，上半部有粗齿，背面灰绿色，有平伏单毛。总苞碗状，鳞片结合成五六条同心环带。

其他用途

可做桩柱、车船等用材；种子含淀粉，可做饲料及酿酒；壳斗可制栲胶。

🌱 果实　　　🌱 果枝　　　🌱 枝叶

51 山核桃 *Carya cathayensis*

科属：胡桃科山核桃属						别名：山胡桃、小核桃					
应用分布：浙江及安徽南部						观赏特性：观树姿、果					
习性：喜光，喜温暖多雨气候及湿润肥沃土壤，适生于凉爽湿润的山地环境；引种平原生长缓慢，且不易结果						园林用途：风景林					
观赏佳期	1	2	3	4	5	6	7	8	9	10	11	12

识别要点

落叶乔木。树皮灰白色，平滑。裸芽；幼枝、叶背及果均密被褐黄色腺鳞。奇数羽状复叶，小叶 5~7 枚，长椭圆状倒披针形，缘有细锯齿。果卵球形，外果皮具四纵脊，幼时显著，果熟时不显著，核壳较厚。花期 4~5 月，果熟期 9 月。

其他用途

优质坚果，核仁榨油可供食用。果壳可制活性炭。材质坚韧，为优良军工用材。

🔺 枝叶（李俊龙摄）　　🔺 植林　　🔺 裸芽（李俊龙摄）

52 美国山核桃 *Carya ilinoinensis*

科属：胡桃科山核桃属	别名：薄壳山核桃、长山核桃
应用分布：原产美国东部及中南部；我国河北、河南及长江中下游地区有栽培，北京亦有引种	观赏特性：观树姿、果
习性：喜光，喜温暖湿润气候，较耐水湿，不耐干旱瘠薄，有一定耐寒性；深根性	园林用途：行道树、庭荫树、园景树、河流沿岸及平原绿化树

观赏佳期	1	2	3	4	5	6	7	8	9	10	11	12

识别要点

落叶乔木。小叶 11~17 枚，为不对称的卵状披针形，常镰刀状弯曲。果椭球形，核壳薄。花期 5 月，果期 9~11 月。

其他用途

核仁可食，味美，榨油供食用；种仁含油量达 70％以上。材质坚韧，为优良的军工用材。

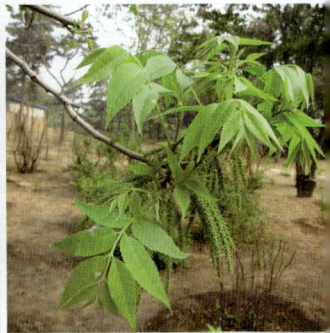

● 近广卵形树冠　　　● 落叶与果　　　● 花序

53 化香树 *Platycarya strobilacea*

科属：胡桃科化香树属		别名：化香、化树、还香树等
应用分布：我国甘肃、陕西、河南南部、山东长江流域、西南地区；朝鲜、日本也有分布		观赏特性：观树姿、果序
习性：喜光，耐干旱瘠薄；萌芽力强		园林用途：风景林、庭荫树

观赏佳期	1	2	3	4	5	6	7	8	9	10	11	12

识别要点

落叶乔木。奇数羽状复叶互生，小叶卵状长椭圆形，缘有重锯齿，基部歪斜。果序球果状，卵状椭圆形至长椭圆状圆柱形；宿存苞片木质；果实小坚果状，两侧具翅。花期5~6月，果期7~8月。

其他用途

重要的荒山造林树种。树皮、根皮、叶和果序可提制栲胶；树皮可剥取纤维；叶可制农药。

枝叶
花枝

果序

54 枫杨 *Pterocarya stenoptera*

科属：胡桃科枫杨属						别名：麻柳、蜈蚣柳					
应用分布：我国黄河流域、长江流域至华南、西南均有分布，辽宁南部有栽培						观赏特性：观树姿、果序					
习性：喜光，适应性强，颇耐寒，耐低湿；深根性，侧根发达，生长快，萌芽力强						园林用途：行道树、园景树、庭荫树					
观赏佳期	1	2	3	4	5	6	7	8	9	10	11	12

🌾 识别要点

　　落叶乔木。枝髓片状，裸芽有柄。羽状复叶互生，小叶10~16枚，长椭圆形，缘有细齿；叶轴上有狭翅。坚果具2长翅，成串下垂。花期4~5月，果期8~9月。

🌳 其他用途

　　常做固堤护岸树种，又可做嫁接核桃的砧木。树皮、枝皮含鞣质，可提栲胶，也可做纤维原料；果可做饲料及酿酒；种子可榨油。

🔺 树姿

🔺 裸芽及叶轴翅

🔺 果

🔺 果序翅果

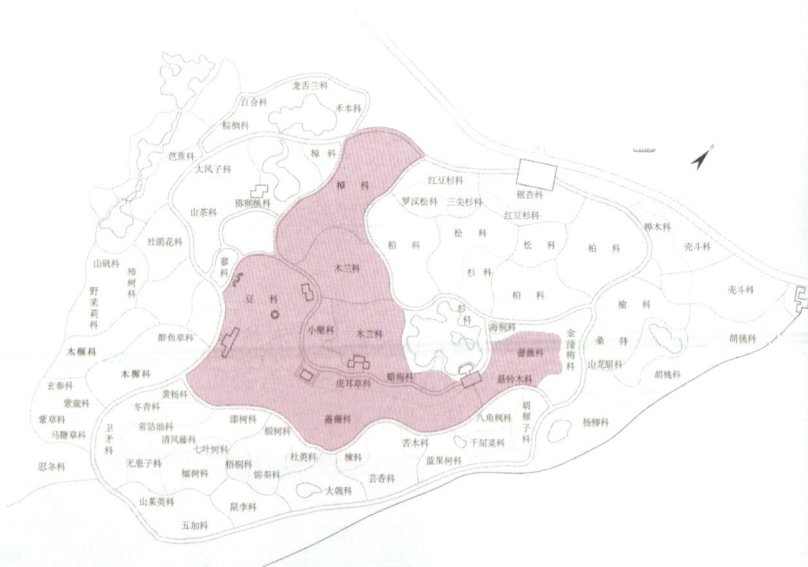

杭州植物园分类区识别二区

本区以蔷薇科为主，共46种。

55 缫丝花 *Rosa roxburghii*

科属：蔷薇科蔷薇属		别名：刺梨	
应用分布：我国长江流域至西南地区，陕西、甘肃、西藏均有分布		观赏特性：观花、果	
习性：喜光，喜温暖气候		园林用途：花果树、植篱树	

观赏佳期	1	2	3	4	5	6	7	8	9	10	11	12

识别要点

落叶灌木，小枝在叶柄基部两侧有成对细尖皮刺。小叶椭圆形，先端急尖或钝，基部广楔形，缘具细锐齿，无毛；叶轴疏生小皮刺；托叶狭长，边缘有腺毛，大部分着生在叶柄上。花淡紫红色，重瓣，杯状，微芳香。花期 5~7 月，果期 9~10 月。

其他用途

果称为"刺梨"，味道酸甜，富含维生素 C，可食用，做果汁、果脯，也可入药；根煮水可健胃收敛止泻。

🔻 淡紫红色重瓣花

🔻 果枝

56 石楠 *Photinia serratifolia*

科属：蔷薇科石楠属		别名：笔树
品种：'斑叶'		观赏特性：白花红果、春花秋实、新老叶色红
应用分布：我国华东、中南及西南地区，北京小气候保护栽植		园林用途：园景树、植篱树
习性：稍耐阴，喜温暖湿润气候，耐干旱瘠薄，不耐水湿，且对有毒气体抗性较强		

观赏佳期	1	2	3	4	5	6	7	8	9	10	11	12

识别要点

常绿灌木或小乔木，无毛。单叶互生，革质，长椭圆形至倒卵状长椭圆形，基部圆形或广楔形，缘有细尖锯齿，表面深绿而有光泽。顶生复伞房花序，花小而白色。梨果近球形，红色。花期4~5月，10月果熟。

其他用途

实生苗可做砧木嫁接枇杷，以提高枇杷抗性，延长寿命。木材坚密，可制车轮等物；叶及根入药；种子榨油可制油漆、肥皂等。

🍂 树姿　　🍂 枝叶　　🍂 白色复伞房花序　　🍂 果序

57 倒卵叶石楠 *Photinia lasiogyna*

科属：蔷薇科石楠属	别名：满园春、满院春
应用分布：我国浙江、江西、湖南至西南地区	观赏特性：春白花、秋紫红果，嫩叶粉红色
习性：喜光，稍耐阴，喜温暖湿润气候，耐干旱瘠薄，耐修剪	园林用途：园景树、植篱树

观赏佳期	1	2	3	4	5	6	7	8	9	10	11	12

🌿 识别要点

常绿灌木或小乔木。树冠圆球形。分枝点低，常呈灌木状；短枝常变成刺。叶互生，革质，倒卵形至倒披针形，先端圆钝或具凸尖，基部楔形，边缘微卷，锯齿不明显，无毛。花小而白色，花梗及萼有茸毛；顶生复伞房花序，有茸毛。果紫红色，有斑点。花期 5~6 月，9~11 月果熟。

🌳 其他用途

枝叶繁茂，可做高篱。药用同石楠。

🔺 枝刺　　　　　　🔺 枝叶　　　　　　🔺 具紫红色果实的枝

58 火棘 *Pyracantha fortuneana*

科属：蔷薇科火棘属	别名：救军粮、火把果、红子
应用分布：我国东部、中部及西南部，北京小气候保护栽植	观赏特性：白花红果，春花秋实
习性：喜光，不耐寒，耐修剪	园林用途：植篱树、花果树

观赏佳期	1	2	3	4	5	6	7	8	9	10	11	12

🌿 识别要点

常绿灌木。枝拱形下垂，幼时有锈色柔毛。叶常为倒卵状长椭圆形，先端圆或微凹，锯齿疏钝，基部渐狭而全缘，两面无毛。花白色，集成复伞房花房。果红色。花期4~5月，果9~10月成熟。

🌳 其他用途

果枝可做瓶插，与桂花或蜡梅相配，有色有香；果可酿酒。

○ 修剪成球形
○ 自然树形

○ 花枝
○ 果枝

59 窄叶火棘 *Pyracantha angustifolia*

科属：蔷薇科火棘属	别名：狭叶火焰花
品种：'斑窄叶'火棘	观赏特性：同火棘
应用分布：我国湖北、四川、云南、西藏	园林用途：植篱树、花果树
习性：喜光，不耐寒	

观赏佳期	1	2	3	4	5	6	7	8	9	10	11	12

🌾 识别要点

常绿灌木或小乔木。枝刺多而较长，并生有短小叶。叶狭长椭圆形，通常全缘；嫩叶背及花梗、萼筒均被灰白色茸毛。花白色。果砖红色，经冬不落。花期 5~6 月，果期 10~12 月。

🌳 其他用途

优良切枝，瓶插寿命长；果可酿酒。

🔺 果枝

🔺 枝叶

🔺 植株

60 稠李 *Prunus padus*

科属：蔷薇科李属		别名：臭李子、臭耳子
应用分布：我国东北、华北、内蒙古及西北地区，以及朝鲜、日本、俄罗斯；欧洲和亚洲长期栽培		观赏特性：白花黑果，树形整齐
习性：稍耐阴，耐寒性强，喜肥沃、湿润而排水良好的土壤，不耐干旱瘠薄；根系发达		园林用途：园景树

观赏佳期	1	2	3	4	5	6	7	8	9	10	11	12

🌾 识别要点

落叶乔木。叶卵状长椭圆形至倒卵形，先端渐尖，基部圆形或近心形，缘有细尖锯齿，无毛或仅背面脉腋有簇毛；叶柄具腺体，无毛。花白色，有清香。果由绿转红，熟时黑色。花期4~5月，8~9月果熟。

🔺 核果成熟由红转黑色

🔺 核果由绿转红

🌳 其他用途

可用材，叶入药，也是蜜源树种。果可加工果酒、果酱等。

🔺 总状花序

🔺 花枝

61 梅 *Prunus mume*

科属：蔷薇科李属	观赏特性：花色丰富，香气宜人，果可赏可食
应用分布：我国华北至珠江流域，三北地区少量抗寒品种小气候保护栽植	园林用途：园景树、花果树、盆栽及盆景树、园路树
习性：喜光，喜温暖湿润气候，较耐干旱，不耐涝；寿命长	

观赏佳期	1	2	3	4	5	6	7	8	9	10	11	12

🌿 识别要点

落叶乔木、小乔木。小枝细长，绿色光滑，常有棘枝。叶卵形或椭圆状卵形，先端尾尖或渐尖，基部广楔形或近圆形，锯齿细尖，无毛；叶柄有腺体。品种繁多，花粉红、白色或红色，近无梗，芳香；花先叶开放。果近球形，熟时黄色，果核有蜂窝状点穴。

🌳 其他用途

我国著名果树。果味酸，加工果脯、果酒、果醋等。花、果入药。

🔺 "品"字果

🔺 梅树形垂枝梅（前）直枝梅（后）

🔺 垂枝梅树形

🔺 果

🔺 盛花植株

62 垂丝海棠 *Malus halliana*

科属：蔷薇科苹果属	**观赏特性**：春花艳丽，秋果紫红，树姿优美
应用分布：我国长江流域至西南各地	**园林用途**：园景树、盆栽及盆景树、花果树
习性：喜光，喜温暖湿润气候，不耐寒冷和干旱	

观赏佳期	1	2	3	4	5	6	7	8	9	10	11	12

🌾 识别要点

落叶乔木。枝开展，幼时紫色。叶卵形或狭卵形，质较厚。花鲜玫瑰红色，花萼深紫色，花梗细长下垂，4~7 朵簇生。果倒卵形，紫色。花期 3~4 月，果期 9~10 月。

🌳 其他用途

花可入药，果可食用。

🔺 花　　　　　　　　　　　🔺 花期植林

63 日本海棠 *Chaenomeles japonica*

科属：蔷薇科木瓜属	别名：日本贴梗海棠、倭海棠、和圆子		
应用分布：原产日本；我国各地有栽培	观赏特性：观树姿、橙红花		
习性：喜光，耐瘠薄，有一定的抗寒能力，喜排水良好的深厚肥沃土壤	园林用途：植篱树、木本地被		

观赏佳期	1	2	3	4	5	6	7	8	9	10	11	12

🌿 识别要点

　　落叶矮灌木，高不足 1m。枝开展，有细刺，小枝粗糙，幼时具有茸毛，紫红色，2 年生枝有疣状突起。叶广卵形至倒卵形，先端钝或短急尖，缘具圆钝锯齿，两面无毛。花 3~5 朵簇生，火焰色或亮橘红色。果近球形，黄色。花期 3~6 月，果期 8~10 月。

🌳 其他用途

　　果入药，有祛风、舒筋、止痛之功效。

⬥ 丛植植株　　　　　⬥ 枝叶　　　　　⬥ 花枝

64 木瓜 *Pseudocydonia sinensis*

科属：蔷薇科木瓜属		别名：木李、木瓜海棠			
应用分布：我国东部及中南部地区		观赏特性：树姿整齐、花粉色、果黄色、干皮斑驳			
习性：喜光，喜温暖湿润气候及肥沃深厚的土壤，耐寒性不强		园林用途：园景树、花果树			
观赏佳期	1　2　3	4　5　6	7	8　9　10	11　12

枝叶（梨桧锈病）　　植株

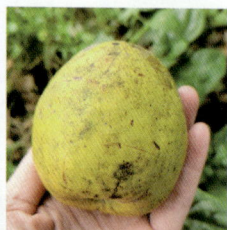

花　　果

识别要点

落叶小乔木。树皮斑状薄片剥落。枝无刺。单叶互生，缘有芒状锐齿。花单生，子房下位，粉红色。梨果椭球形，深黄色，木质，有香气。花期4~5月，果熟期8~10月。

其他用途

木材坚硬。果香气醉人，适合室内摆放；也可食用或入药。果皮干燥后光滑不皱，故有"光皮木瓜"之称。

春季树皮

秋冬季树皮

65 油麻藤 *Mucuna sempervirens*

科属：豆科黎豆属	别名：常春油麻藤、棉麻藤、牛马藤
应用分布：我国西南至东南部地区	观赏特性：叶形美丽，花暗紫，果大，被金色毛
习性：耐阴，喜温暖湿润气候；耐干旱，要求土壤排水良好	园林用途：垂直绿化树

观赏佳期	1	2	3	4	5	6	7	8	9	10	11	12

🌿 识别要点

常绿藤木。三出复叶互生，薄革质而有光泽，无毛，顶生小叶卵状椭圆形，侧生小叶斜卵形。总状花序常生于老茎，花大而暗紫色，蜡质，有臭味。荚果大型，长条状。花期 4~5 月，果期 8~10 月。

🌳 其他用途

全株可供药用。茎皮可编织或造纸；块根可提淀粉；种子可榨油。

🍃 长条状荚果

🍃 黑色种子

🍃 花序

66 龙牙花 *Erythrina corallodendron*

科属：豆科刺桐属	别名：美洲刺桐、象牙红、珊瑚树
应用分布：原产南美洲；现分布我国西南至东南、华南部地区	观赏特性：花色艳丽
习性：喜温暖气候，喜光	园林用途：园景树、园路树、花果树

最佳观赏期	1	2	3	4	5	6	7	8	9	10	11	12

🌿 识别要点

落叶灌木或小乔木。小叶3枚，顶生小叶菱形或菱状卵形，无毛；叶柄及叶轴有皮刺。总状花序腋生，花冠深红色，花萼钟形，旗瓣狭，常包围龙骨瓣，翼瓣短；花较疏。荚果圆柱形。花期6~11月。

🔻 树姿

🔻 枝叶

🌳 其他用途

树皮及根药用。材质柔软，可代软木做木栓。

🔻 花枝

🔻 叶片正背面对比

67 黄檀 *Dalbergia hupeana*

科属：豆科黄檀属		别名：白檀、不知春			
应用分布：我国长江流域及其以南地区		观赏特性：观树姿、花、果			
习性：喜光，耐干旱瘠薄，在酸性、中性及石灰质土上均能生长；发叶迟，生长较慢		园林用途：园景树、庭荫树			

观赏佳期	1	2	3	4	5	6	7	8	9	10	11	12

🌾 识别要点

　　落叶乔木。树皮长薄片剥落。羽状复叶互生，小叶互生 7~13 枚，椭圆形，先端钝圆，近革质。花黄白色或淡紫色；圆锥花序顶生或生于最上部的叶腋间。荚果长圆形或阔舌状。花期 5~6 月。

🌳 其他用途

　　荒山绿化先锋树种。木材坚密，富有韧性，能耐强力冲撞，可制车轴、枪托等；树皮有杀虫效果，也是良好的紫胶虫寄主树。

🔺 树姿树形　　🔺 长片状剥落的树皮　　🔺 奇数羽状复叶互生

68 红豆树 *Ormosia hosiei*

科属：豆科花榈木属		别名：鄂西红豆树、何氏红豆、花梨木
应用分布：我国长江流域及陕西、甘肃南部		观赏特性：观树姿，花优美，荚果内种子红色
习性：喜光，生长速度中等，寿命长，根系发达，萌芽性强		园林用途：园景树、行道树、庭荫树
观赏佳期	1 2 3 4 5 6	7 8 9 10 11 12

🌿 识别要点

常绿或落叶乔木。小枝绿色，幼时微有毛，后脱落；裸芽，灰色。羽状复叶互生，小叶 7~9 枚，卵形至倒卵状椭圆形，无毛。花白色或淡红色，呈圆锥花序。荚果扁卵圆形，种子 1~2 枚，直径 1cm 左右，鲜红色。花期 5 月，果期 10~11 月。

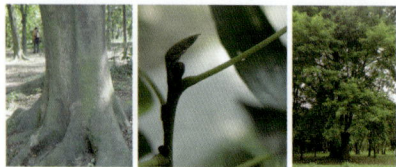

🔺 树干

🔺 裸芽

🔺 树形

🌳 其他用途

珍贵用材树种，木质坚硬、有光泽，花纹美观，心材耐腐，是上等工艺雕刻、装饰及镶嵌用材。种子红色美丽，可做装饰用；根入药。

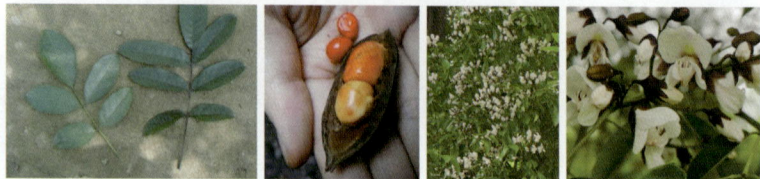

🔺 羽状复叶正反面对比

🔺 红色种子：红豆树（大）花榈木（小）

🔺 花序

🔺 花

科属：豆科花榈木属	别名：毛叶红豆树、亨氏红豆、花梨木、臭桶柴
应用分布：我国长江以南，越南也有分布	观赏特性：观树姿、夏花秋实、种子色彩亮丽
习性：喜光，喜温暖湿润气候	园林用途：庭荫树、园景树

观赏佳期	1	2	3	4	5	6	7	8	9	10	11	12

识别要点

常绿乔木。树冠圆球形。树皮青灰色，平滑。小枝、芽及叶背均密生褐色茸毛；裸芽叠生。羽状复叶互生，倒卵状长椭圆形，革质。花黄白色，呈圆锥或总状花序。荚果扁平。种子颜色亮红，每豆荚种子多枚。花期7~8月，果期10~11月。

其他用途

木材比重高，花纹美丽，是上等家具用材，也可制轴承。种子红色美丽，可作装饰品；根枝、叶入药；是防火树种。

△ 枝叶

△ 亮红色种子

70 云实 *Biancaea decapetala*

科属：豆科云实属							别名：牛王刺、马豆、水皂角				
应用分布：我国长江流域及其以南地区							观赏特性：观花				
习性：喜光，适应性强							园林用途：植篱树、木本地被、垂直绿化树				
观赏佳期	1	2	3	4	5	6	7	8	9	10	11	12

🌿 识别要点

　　落叶攀缘灌木。茎枝、叶轴、花序密生倒钩状刺。二回偶数羽状复叶互生，小叶 6~12 对，长椭圆形，两端圆。顶生圆锥花序，花黄色。荚果长椭圆形，木质，扁平。花期 5 月，果期 8~9 月。

 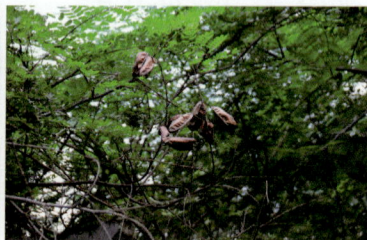

△ 花枝　　　　　△ 木质荚果

🌳 其他用途

　　茎、根、果均可药用；果皮、树皮含单宁；种子含油，可制肥皂及润滑油。

△ 垂直绿化　　　　△ 枝刺　　　　△ 偶数羽状复叶正反面

71 网络夏藤 *Wisteriopsis reticulata*

科属：豆科夏藤属	别名：网脉崖豆藤、鸡血藤、网络鸡血藤
应用分布：我国华东、中南及西南地区；越南北部也有分布	观赏特性：花色形优美
习性：喜温暖湿润气候，较耐阴	园林用途：垂直绿化树，常用于廊架绿化、庭园观赏

观赏佳期	1	2	3	4	5	6	7	8	9	10	11	12

🌿 识别要点

常绿藤木。枝叶无毛。羽状复叶，小叶 7~9 枚，卵状椭圆形或长椭圆形，先端钝尖而有小凹缺，基部近圆形；有小托叶。圆锥花序顶生或腋生。花暗紫色，花瓣无毛。荚果长条形，无毛。花期 5~8 月，果期 10~11 月。

🌳 其他用途

藤及根供药用，可活血、强筋骨。

🔺 树形树姿

🔺 枝叶（羽状复叶，有小托叶）

🔺 果实

72 枇杷 *Eriobotrya japonica*

科属：蔷薇科枇杷属	别名：卢橘
应用分布：我国南方地区栽培普遍，北京小气候保护栽植	观赏特性：观树姿、秋冬白花、春黄果
习性：喜温暖湿润气候，较耐阴，不耐寒，喜肥沃湿润而排水良好的中性或酸性土	园林用途：花果树、园景树

观赏佳期	1	2	3	4	5	6	7	8	9	10	11	12

🌿 识别要点

常绿小乔木。小枝、叶背及花序均密生锈色茸毛。单叶互生，革质，长椭圆状倒披针形，先端尖，基部渐狭并全缘，中上部疏生浅齿，表面羽状脉下凹。圆锥花序，花白色，芳香。果近球形，橙黄色。花期 10~12 月，果期 5~6 月。

🌳 其他用途

蜜源植物，叶供药用，主治咳嗽；果实上市较早，可生食、酿酒，或制成罐头、果脯或糖浆；木材红棕色，可制成小木器使用。

🔺 树形树姿　　　　🔺 花叶　　　　　　　　🔺 果枝

73 阔叶十大功劳 *Mahonia bealei*

科属：小檗科十大功劳属	观赏特性：观花、叶、果
应用分布：我国中部及南部地区，青岛小气候保护栽植；欧美温暖地带广泛栽植	园林用途：木本地被树、植篱树、刺篱
习性：耐阴，喜温暖湿润气候，不耐寒	

观赏佳期	1	2	3	4	5	6	7	8	9	10	11	12

识别要点

常绿灌木。奇数羽状复叶，小叶 7~15 枚，侧生小叶卵状椭圆形，内侧有大刺齿 1~4，外侧有大刺齿 3~6（8），边缘反卷，厚革质而硬，有光泽，顶生小叶明显较宽，卵形。总状花序较短且直立，花黄色，6~9 朵簇生。浆果蓝黑色，被白粉。花期 3~4 月，果期 9~10 月。

其他用途

全株可入药。

🍃 枝叶　　　　🍃 花序

🍃 秋叶　　　　🍃 应用景观　　　　🍃 果序

74 南天竹 *Nandina domestica*

科属：小檗科南天竹属	别名：澜天竹、天竺、蓝田竹
品种：'玉果''火焰'等	观赏特性：观树姿、白花红果、春花秋实、霜叶红色
应用分布：我国华北南部以南地区，北方小范围小气候保护栽植；日本也有分布	园林用途：花果树、木本地被、盆栽及盆景树、植篱树
习性：喜光，耐阴，喜温暖湿润气候，稍耐寒，喜肥沃湿润而排水良好的土壤，是石灰岩钙质土的指示植物	

观赏佳期	1	2	3	4	5	6	7	8	9	10	11	12

🌾 识别要点

常绿灌木，丛生而少分枝。二至三回羽状复叶互生，小叶椭圆状披针形，全缘；冬季叶片变红。顶生圆锥花序，花小、白色。浆果球形，鲜红色。花期 5~7 月，果期 9~10 月。

🌳 其他用途

果实及根、叶可入药。

🔺 枝叶　　　🔺 花枝　　　🔺 果枝

75 湖北十大功劳 *Mahonia eurybracteata* subsp. *ganpinensis*

科属：小檗科十大功劳属		观赏特性：观叶、秋黄花、果	
应用分布：我国湖北、四川、浙江		园林用途：植篱树、木本地被	
习性：耐阴，喜温暖湿润气候，不耐寒			

观赏佳期	1	2	3	4	5	6	7	8	9	10	11	12

🌿 识别要点

　　常绿灌木。茎灰色，有槽纹。小叶 9~17 枚，狭长，质地柔软；叶缘中上部有刺齿 2~5 对。总状花序，花黄色。浆果蓝黑色。花期 9~10 月，果期 11~12 月。

🌳 其他用途

　　可药用。

🌿 枝叶　　　　　🌿 花序　　　　　🌿 应用景观

76 蜡梅 *Chimonanthus praecox*

科属：蜡梅科蜡梅属	别名：腊梅、黄梅花、香梅、蜡木
品种：'素心'等	观赏特性：先花后叶、黄花色香俱佳
应用分布：我国中部、黄河流域至长江流域，北京小气候保护栽植	园林用途：盆栽及盆景树、花果树
习性：喜光，耐干旱，忌水湿，喜肥沃而排水良好的土壤，在黏土及盐碱土上生长不良，有一定耐寒性；耐修剪，发枝力强	

观赏佳期	1	2	3	4	5	6	7	8	9	10	11	12

识别要点

落叶灌木。单叶对生，叶全缘，半革质而较粗糙，卵状椭圆形至卵状披针形。花单朵腋生，蜡质黄色，内部有紫色条纹，具浓香；冬季至早春叶前开放。瘦果种子状，为坛状或倒卵状椭圆形果托所包。花期12月至翌年2月，果期4~10月。

其他用途

为冬季上佳香花观赏树种，可做切花，花可提炼香精、制茶等；花、茎、根皆可入药。

| 坛状果托 | 植株 | 花 |

77 山蜡梅 *Chimonanthus nitens*

科属：蜡梅科蜡梅属		别名：亮叶蜡梅
应用分布：我国湖北、湖南、安徽、浙江、江西、福建、广西、贵州、云南、陕西等地		观赏特性：观秋花
习性：耐阴，喜温暖湿润气候及酸性土壤；萌蘖力强		园林用途：花果树、植篱树

观赏佳期	1	2	3	4	5	6	7	8	9	10	11	12

识别要点

常绿灌木。叶较蜡梅小，单叶对生，长卵状披针形，全缘，革质而有光泽，背面多少有白粉。花单朵腋生，较小，淡黄白色，香味差。花期9~11月，翌年6月果熟。

其他用途

根可入药，种子含油脂。

⚘ 树姿

⚘ 花枝

78 夏蜡梅 *Calycanthus chinensis*

科属：蜡梅科夏蜡梅属	观赏特性：观花色、形皆美
应用分布：我国江南、江淮地区；北京小气候保护栽植	园林用途：花果树，背阴处或疏林下栽培观赏
习性：喜阴，喜温暖湿润气候及排水良好的湿润沙壤土	

观赏佳期	1	2	3	4	5	6	7	8	9	10	11	12

🌿 识别要点

落叶灌木。单叶对生，卵状椭圆形至倒卵形，近全缘或具不明显细齿。柄下芽。花单生枝顶，白色，花瓣边带紫红色晕，无香气，直径 4.5~7cm。花期 5 月中旬。

🌳 其他用途

可入药。

🔻 树形

🔻 花

🔻 枝叶

79 含笑花 *Michelia figo*

科属: 木兰科含笑属	别名: 含笑梅、香蕉花、含笑
应用分布: 我国长江流域及以南地区	观赏特性: 花形优美、花香甜美
习性: 耐阴，不耐寒，喜暖热多湿气候及酸性土壤	园林用途: 花果树、植篱树、园景树

观赏佳期	1	2	3	4	5	6	7	8	9	10	11	12

识别要点

常绿灌木。小枝及叶柄密生褐色茸毛。叶椭圆状倒卵形，革质。花被片 6 枚，肉质，淡黄色而瓣缘常有紫晕，具强烈的香蕉香气。花期 3~5 月，果期 7~8 月。

其他用途

花可熏茶、提取芳香油和药用。北方常于温室栽培观赏。

🔺 孤植

🔺 花枝

🔺 环状托叶痕

🔺 肉质花被片

80 荷花木兰 *Magnolia grandiflora*

科属：木兰科木兰属	别名：广玉兰、荷花玉兰、大花玉兰、洋玉兰
品种：'狭叶'	观赏特性：观树姿、花大洁白
应用分布：原产北美东南部；我国华北南部及以南地区有分布，兰州、北京小气候保护栽植	园林用途：园景树、园路树、庭荫树
习性：喜光，喜温暖湿润气候及湿润肥沃土壤，不耐寒；耐烟尘，对二氧化硫等有害气体抗性强	

观赏佳期	1	2	3	4	5	6	7	8	9	10	11	12

🌾 识别要点

常绿乔木。叶长椭圆形，厚革质，表面亮绿色，背面有锈色毛。花大，花径 20~25cm，白色，有香气。花期 5~6 月，果期 9~10 月。

🔺 树形树姿　　🔺 枝干　　🔺 枝叶

🔺 白色花

🔺 红色种子

🌳 其他用途

木材致密；叶入药，治高血压；花、叶、嫩梢可提取香精；种子可榨油。

81 天台小檗 *Berberis lempergiana*

科属:小檗科小檗属						别名:长柱小檗					
应用分布:我国华东地区						观赏特性:观花、果、叶					
习性:耐阴,喜温暖,不耐寒,喜湿润肥沃的酸性土						园林用途:植篱树、木本地被					
观赏佳期	1	2	3	4	5	6	7	8	9	10	11	12

识别要点

常绿灌木。枝通常有三叉刺。叶革质而坚硬,长椭圆形至披针形,缘有疏齿。花黄色,5~8 朵簇生,花柱特长。浆果成熟时由蓝紫色转为深紫色,被白粉,具 1mm 长的宿存花柱。花期 4~5 月,果期 7~10 月。

其他用途

根、茎可药用,其根皮及茎内皮代黄檗用,具消炎功效。

⬆ 叶缘有疏齿

⬆ 果枝

82 十大功劳 *Mahonia fortunei*

科属：小檗科十大功劳属		别名：狭叶十大功劳
应用分布：我国长江流域；日本、印度尼西亚、美国等地也有栽培		观赏特性：观黄花、蓝黑色果实、叶形奇特
习性：耐阴，喜温暖湿润气候，喜肥沃、湿润排水良好的土壤，不耐寒		园林用途：植篱树、盆栽、基础种植

观赏佳期	1	2	3	4	5	6	7	8	9	10	11	12

识别要点

常绿灌木。小叶 5~9（11）枚，狭披针形，缘有刺齿 6~13 对，硬革质，有光泽；小叶无叶柄。总状花序，4~8 条簇生，花亮黄色。浆果蓝黑色，被白粉。花期 7~8 月，果期 9~11 月。

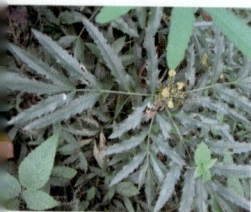

△ 叶缘有刺齿　△ 十大功劳叶（左）与湖北十大功劳叶（右）

其他用途

全株可入药，有清热解毒、滋阴强壮之功效。

△ 丛植　△ 枝叶

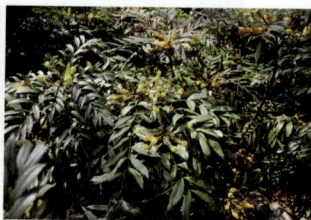

△ 花枝

83 紫玉兰 *Yulania liliflora*

科属: 木兰科玉兰属						别名: 木兰、辛夷、木笔					
应用分布: 我国中部及其他非严寒地区，北京小气候保护栽植						观赏特性: 观花					
习性: 喜光，较耐寒，肉质根，不耐积水						园林用途: 园景树					
观赏佳期	1	2	3	4	5	6	7	8	9	10	11	12

🌾 **识别要点**

落叶灌木或小乔木。叶椭圆形或倒卵状椭圆形。花瓣6枚，外紫红内白，萼片小，3枚，披针形，绿色。花期3~4月，果期8~9月。

🌳 **其他用途**

可做嫁接玉兰、二乔玉兰的砧木。花可提炼芳香精油；花蕾、树皮可药用，是我国传统中药材。

🔺 树形树姿

🔺 枝叶

🔺 花

84 鹅掌楸 *Liriodendron chinense*

科属：木兰科鹅掌楸属	别名：马褂木
应用分布：我国长江以南地区	观赏特性：树姿挺拔、花和叶形奇特、黄色秋叶
习性：喜光，喜温暖湿润气候，喜深厚肥沃排水良好的酸性土壤，耐寒性不强；生长较快	园林用途：庭荫树、园景树、行道树

观赏佳期	1	2	3	4	5	6	7	8	9	10	11	12

识别要点

落叶乔木。干皮灰白光滑。小枝具环状托叶痕。叶端截形，两侧各有一凹裂，叶形如马褂，叶背无毛。花黄绿色，杯状，花被片 9，单生枝端。花期 4~5 月，果期 10 月。

其他用途

世界珍贵庭园观赏树之一。木材淡红色，质地细，材质软，比重小，不易裂及变形，也无虫蛀，可做建筑、家具等用；叶及树皮可入药。

枝叶

马褂形叶片

花

85 北美鹅掌楸 *Liriodendron tulipifera*

科属：木兰科鹅掌楸属	别名：美国鹅掌楸
应用分布：原产北美东南部；我国北京、青岛、庐山、南京、杭州、昆明有栽培	观赏特性：树姿挺拔、花和叶形奇特、黄色秋叶
习性：喜光，喜温暖湿润气候，喜深厚肥沃排水良好的酸性土壤，耐寒性比鹅掌楸强；生长较快	园林用途：庭荫树、园景树、行道树

观赏佳期	1	2	3	4	5	6	7	8	9	10	11	12
				4	5	6			9	10		

识别要点

落叶乔木。外形与鹅掌楸相似，区别：干皮灰褐色，纵裂较粗；叶较宽短端截形，侧裂较浅，近基部常有小裂片，叶端常凹入，幼叶背面常有毛。花大，形似郁金香，淡黄绿色而内侧近基部橙红色；花被片9，单生枝端。花期4~5月，果期9~10月。

其他用途

为世界珍贵庭园观赏树之一。可做用材，木材淡黄褐色，纹理细致，切削面光滑；树皮可入药或做防腐剂。

○ 灰褐色干皮

○ 叶片侧裂较浅

86 杂种鹅掌楸 *Liriodendron × sinoamericanum*

科属：木兰科鹅掌楸属	别名：杂交鹅掌楸
应用分布：我国南京、北京，栽培分布比鹅掌楸更北	观赏特性：树姿挺拔、花和叶形奇特、黄色秋叶
习性：喜温暖湿润气候，喜深厚肥沃排水良好的酸性土壤，适应能力增强，耐寒性强，北京可露地越冬；生长较快	园林用途：庭荫树、园景树、行道树

观赏佳期	1	2	3	4	5	6	7	8	9	10	11	12

🌿 识别要点

落叶乔木，是鹅掌楸与北美鹅掌楸的杂交种。树皮紫褐色，皮孔明显，叶形介于二者之间。花被外轮 3 片，黄绿色。种子繁殖后代分化较大，具有明显的杂种优势。花期 5 月，果期 10 月。

🔺 花枝

🔺 鹅掌楸（左）、北美鹅掌楸（右）、杂种鹅掌楸（中）的叶片对比

🌳 其他用途

可入药。

🔺 树形树姿

🔺 树干

🔺 秋色叶及具翅小坚果组成聚合果

87 深山含笑 *Michelia maudiae*

科属：木兰科含笑属	别名：光叶白兰花，莫夫人含笑花
应用分布：我国浙江南部至华南地区	观赏特性：观树姿、花
习性：中性偏阴，喜温暖湿润气候和深厚肥沃的土壤，能耐 −9℃低温；浅根性，侧根发达	园林用途：园景树

观赏佳期	1	2	3	4	5	6	7	8	9	10	11	12

识别要点

常绿乔木。全株无毛。叶长椭圆形，革质而不硬，背面粉白色，网脉致密，结成细眼；托叶痕不延至叶柄。花白色，花被片9，芳香如兰花。花期2~3（4）月，果期9~10月。

其他用途

花可提芳香油及药用；木材供家具、板料等。

🌱 枝叶

🌱 果枝

🌱 花

88 木莲 *Manglietia fordiana*

科属：木兰科木莲属	观赏特性：观树姿、花、果
分布：我国长江流域南部及西南地区	园林用途：园景树，树干通直，树形优美

习性：喜光，幼时耐半阴，喜温暖湿润气候，能耐 –9℃低温；浅根性，侧根发达，萌芽力强，生长快											

观赏佳期	1	2	3	4	5	6	7	8	9	10	11	12

🌿 识别要点

常绿乔木。除芽有金黄色柔毛外，全株无毛。叶较狭，倒披针形或狭倒卵状椭圆形，先端尾尖或渐尖，背面淡灰绿色。花被片 9，白色，外轮带绿色。聚合蓇葖果熟时鲜红至暗红色。花期 4~5 月，果期 9~10 月。

🌲 其他用途

木材供板料及细木工用材；果、树皮可入药。

🔺 干皮及嫩枝

🔺 叶柄

🔺 托叶痕连合至叶柄基部

🔺 枝叶及顶芽

89 凹叶厚朴 *Magnolia officinalis* 'Biloba'

科属：木兰科木兰属	观赏特性：观树姿、花、果
应用分布：我国东南部地区	园林用途：园景树、庭荫树
习性：中性偏阴，喜凉爽湿润气候及肥沃而排水良好的土壤，畏酷暑、干热	

观赏佳期	1	2	3	4	5	6	7	8	9	10	11	12

识别要点

落叶乔木。小枝短粗，幼时黄绿色。叶大，倒卵状长椭圆形，叶端凹入成钝圆浅裂片，叶背面有白粉。花叶同放，花大，白色，盛开时内轮花被片直立。聚合果大而红。花期4~5月，果期8~10月。

其他用途

木材供板料、家具、乐器、细木工用；树皮可药用，凹叶厚朴比原种厚朴品质稍差；花芽、种子也可药用。

形树姿　　　　🔺 枝叶　　　　🔺 花枝　　　　🔺 花叶同放

90 红毒茴 *Illicium lanceolatum*

科属：八角科八角属	别名：莽草、披针叶茴香、木蟹树、红茴香
应用分布：我国东南部地区	观赏特性：观树姿、花、果
习性：喜温暖气候及较阴湿的环境，不耐寒	园林用途：园景树

观赏佳期	1	2	3	4	5	6	7	8	9	10	11	12

🌿 识别要点

常绿灌木或小乔木。树皮灰褐色。单叶互生或偶有聚生于节部，倒披针形或披针形。花红色单生或 2~3 朵簇生于叶腋。聚合蓇葖果 10~13，顶端有长而弯曲的尖头。花期 4~6 月，果期 8~10 月。

🌳 其他用途

叶、果可提取芳香油；根和根皮可供药用；果及种子有剧毒，浸出液可做农药杀虫。

🔺 花果枝　　🔺 聚合蓇葖果

🔺 树形树姿　　🔺 枝叶　　🔺 花枝

91 天竺桂 *Cinnamomum japonicum*

科属：樟科樟属	别名：浙江樟、大叶天竺桂、土肉桂
应用分布：我国东南部地区	观赏特性：观树姿、花、果
习性：喜温暖湿润气候及排水良好的微酸性土壤，幼年耐阴，不耐积水	园林用途：行道树、庭荫树、园景树

观赏佳期	1	2	3	4	5	6	7	8	9	10	11	12

识别要点

常绿乔木。叶互生或近对生，椭圆状阔披针形，薄革质，叶背有白粉及细毛；离基三主脉近平行，脉腋无腺体；枝叶有芳香及辛辣味，叶背面有白粉及细毛。果球形，成熟紫黑色。花期4~5月，果期10~11月。

其他用途

枝叶、树皮可提芳香油，做香精、香料；果核含脂肪，可制肥皂及润滑油；木材坚硬耐水湿，可制船、桥、车轴、家具、建筑等。

🔺 叶片正反面对比

🔺 树形树姿　　🔺 树干　　🔺 枝叶　　🔺 果枝

92 樟 *Cinnamomum camphora*

科属：樟科樟属	别名：香樟、樟木、臭樟、樟树
应用分布：我国长江流域及以南地区	观赏特性：观树姿、春色叶、果
习性：喜光，稍耐阴，喜温暖湿润气候，不耐寒，较耐水湿，但不耐干旱和盐碱土；深根性，萌芽力强，耐修剪	园林用途：行道树、庭荫树、风景林、防护林用树

观赏佳期	1	2	3	4	5	6	7	8	9	10	11	12

识别要点

常绿乔木。叶卵状圆形，薄革质，互生；离基三主脉，脉腋有腺体，背面灰绿色，无毛。果球形，成熟紫黑色。花期4~5月，果期10~11月。

其他用途

经济价值极高，木材致密、有香气、抗虫蛀、耐水湿，用途很广，全树各部可提制樟脑及樟油；根、果、枝、叶入药。

🔺 春新叶红色

🔺 黑色核果

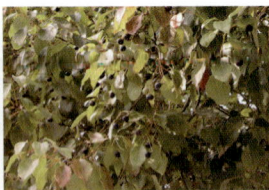

🔺 干皮

🔺 核果果核

🔺 老叶红色

🔺 花序

🔺 树形

93 紫楠 *Phoebe sheareri*

科属：樟科楠木属		别名：金丝楠、黄心楠
应用分布：我国长江流域以南及西南地区		观赏特性：观树姿、果
习性：喜温暖湿润气候及较阴湿环境，在全光下常生长不良；深根性，萌芽性强，生长较慢		园林用途：庭荫树、风景林、园景树
观赏佳期	1 2 3 4 5 6 7 8 9 10 11 12	

🌿 识别要点

常绿乔木。小枝密生锈色茸毛。叶互生，倒卵状椭圆形，大小不一，先端突渐尖或尾尖；叶背网脉隆起并密生锈色茸毛。花被片厚而短，宿存并包被核果基部。果卵形，熟时无白粉；种皮有黑斑。花期4~5月，果期9~10月。

🌳 其他用途

优良的用材及芳香油树种。

🔘 树干

🔘 干皮

🔘 枝叶

94 浙江楠 *Phoebe chekiangensis*

科属：樟科楠木属	别名：浙江紫楠
应用分布：我国浙江西北及东北部、福建北部及江西东部	观赏特性：观树姿、果
习性：适应性强，生长较快	园林用途：行道树、庭荫树、园景树

观赏佳期	1	2	3	4	5	6	7	8	9	10	11	12

识别要点

常绿乔木。小枝密生锈色茸毛。叶互生，倒卵状椭圆形至倒卵状披针形，大小不一，先端尾状渐尖；叶背网脉明显并被灰色茸毛。花被片厚而短，宿存并包被核果基部。果球形，熟时有白粉。花期 4~5 月，果期 9~10 月。

其他用途

优良的用材树种。

🔺 树形树姿　　　🔺 枝干　　　🔺 果枝

95 香叶树 *Lindera communis*

科属：樟科山胡椒属	别名：香果树、野木姜子、香叶子
应用分布：我国秦岭以南至长江以南及西南	观赏特性：观叶、红果
习性：耐阴，喜温暖气候，耐干旱瘠薄；耐修剪	园林用途：园景树、植篱树

观赏佳期	1	2	3	4	5	6	7	8	9	10	11	12

🌾 识别要点

常绿乔木，有时呈灌木状。小枝绿色。叶互生，椭圆形或卵状长椭圆形，全缘，革质，羽状脉，叶背有短柔毛。果近球形，熟时深红色。花期3~4月，果期9~10月。

🌳 其他用途

叶和果可提取芳香油；种子含油50%，供工业或食用；枝叶可入药，治疗跌打损伤等症。

🔺 树形树姿　　　🔺 枝叶

🔺 果枝

96 月桂 *Laurus nobilis*

科属：樟科月桂属	别名：香叶
品种：'金叶'	观赏特性：观花、果
应用分布：原产地中海，我国长江流域以及以南地区有栽培	园林用途：园景树、植篱树，枝叶茂密，四季常青，春天黄花满树
习性：喜光，稍耐阴，喜温暖湿润气候，耐寒性不强，耐干旱，对土壤要求不严	

观赏佳期	1	2	3	4	5	6	7	8	9	10	11	12

识别要点

常绿灌木或小乔木。小枝绿色。单叶互生，长椭圆形，边缘细波状，羽状脉；叶柄常带紫色。花单性异株，花小、黄色。果卵形，成熟暗紫色。花期 3~5 月，果期 6~9 月。

其他用途

可提取精油或做调味料。

🌱 树形树姿

🌱 枝叶

97 红楠 *Machilus thunbergii*

科属：樟科润楠属	观赏特性：观树姿、花、果
应用分布：我国东部及东南部地区；日本、朝鲜等也有分布	园林用途：园景树、风景林
习性：稍耐阴，喜温暖湿润气候，有一定耐寒性和抗海潮风能力；生长较快，寿命长	

观赏佳期	1	2	3	4	5	6	7	8	9	10	11	12

识别要点

常绿乔木。小枝无毛。叶互生，倒卵状椭圆形，两面无毛；叶背有白粉；嫩叶红色。花被片薄而长，宿存于核果基部并开展或反卷。果球形，成熟紫黑色；果梗鲜红色。花期 3~4 月，果期 7 月。

其他用途

我国东南沿海低山区可做造林、用材及防风林树种。种子油可制肥皂及润滑油；树皮入药。

▲ 枝叶

▲ 叶片倒卵状椭圆形

98 薄叶润楠 *Machilus leptophylla*

科属：樟科润楠属		别名：大叶楠、华东楠
应用分布：我国华东、华中、两广及贵州等地区		观赏特性：观树姿、叶、果
习性：稍耐阴，喜温暖湿润气候，生长较快		园林用途：庭荫树

观赏佳期	1	2	3	4	5	6	7	8	9	10	11	12

🔺 叶片正反面对比

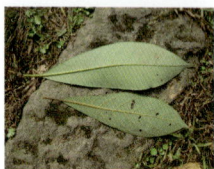
🔺 华东楠（上）与紫楠（下）叶背对比

🌾 识别要点

常绿乔木。小枝无毛。叶互生，常集生枝端，长椭圆状倒披针形，先端尖，叶背白粉显著，侧脉在叶背显著隆起。花被片薄而长，宿存于核果基部并开展或反卷。果球形。花期 4~5 月，果期 6~9 月。

🌳 其他用途

珍贵用材树种，可供家具、细木工等用。树皮可提取树脂，种子可榨油。

🔺 树形树姿

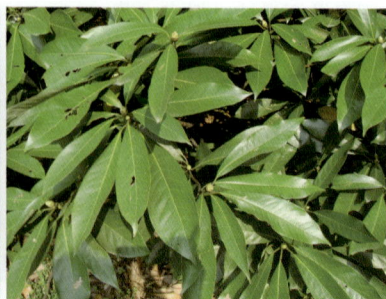
🔺 枝叶

99 豹皮樟 *Litsea coreana* var. *sinensis*

科属：樟科木姜子属	别名：扬子黄肉楠
应用分布：我国江苏、浙江、福建、安徽、江西、湖北及湖南等地	观赏特性：观树姿、干皮
习性：耐阴，喜温暖湿润气候	园林用途：园景树，干皮斑驳，状如豹皮，是良好的观干树种

观赏佳期	1	2	3	4	5	6	7	8	9	10	11	12

🌿 识别要点

常绿乔木。干皮薄鳞片状剥落，剥落后呈鹿皮斑痕，内皮黄褐色。叶长椭圆形，两面无毛，革质；叶柄有毛。伞形花序，花被片宿存于果托。果成熟时由红转黑色。花期 8~9 月，果期翌年夏季。

🌳 其他用途

根可入药，治疗胃脘胀痛。

🔺 干皮　　　　　🔺 枝叶　　　　　🔺 叶片正背面对比

100 乌药 *Lindera aggregata*

科属：樟科山胡椒属		别名：铜钱树、白背树					
应用分布：我国长江以南地区，越南、菲律宾也有分布		观赏特性：观树姿、花、果、叶					
习性：耐阴，喜温暖湿润气候		园林用途：花灌木					

观赏佳期	1	2	3	4	5	6	7	8	9	10	11	12

🌿 识别要点

常绿灌木。小枝幼时密被锈色毛。叶卵状椭圆形，三上脉明显、全缘，先端尾状尖；叶背密被灰白色柔毛。花小，黄绿色。果椭球形，熟时由黑变紫黑色。花期 3~4 月，果期 5~11 月。

🔺 树形树姿

🔺 枝叶

🌳 其他用途

根药用，可散寒理气、健胃；果实、根、叶可提芳香油制肥皂；根、种子磨粉可制杀虫剂。

🔺 叶背有灰白色柔毛

🔺 果枝

杭州植物园分类区识别三区

本区以胡颓子科、冬青科、山茱萸科、槭树科等为主，共36种。

101 胡颓子 *Elaeagnus pungens*

科属：胡颓子科胡颓子属						别名：蒲颓子、半含春					
应用分布：我国长江以南各地						观赏特性：观花、果、叶					
习性：喜光耐半阴，喜温暖气候，不耐寒，耐干旱又耐水湿						园林用途：绿篱					
观赏佳期	1	2	3	4	5	6	7	8	9	10	11	12

识别要点

常绿灌木。具顶生或腋生棘刺，小枝被锈褐色鳞片。叶革质，叶缘微波状，叶背银白色，被褐色鳞片。花银白色，下垂，芳香，1~3朵簇生叶腋。果椭圆形，被锈色鳞片，熟时红色。花期9~12月，果翌年4~6月成熟。

其他用途

种子、叶及根可入药；果实味甜可生食、酿酒或熬糖；茎皮可造纸或制人造纤维板。

△ 银白色花下垂

△ 树形树姿

△ 枝叶

△ 花枝

102 牛奶子 *Elaeagnus umbellata*

科属: 胡颓子科胡颓子属	别名: 秋胡颓子、甜枣、夏茱萸、秋茱萸
应用分布: 我国辽宁、内蒙古、陕西、甘肃、宁夏、华北至长江流域及西藏、台湾各地	观赏特性: 观花、果、叶
习性: 喜光，略耐阴	园林用途: 绿篱、花果树

观赏佳期	1	2	3	4	5	6	7	8	9	10	11	12

识别要点

落叶灌木。有棘刺，幼枝密被银白色鳞片。叶卵状椭圆形至长椭圆形，叶被银白色杂有褐色鳞片。花黄白色，有香气，2~7朵成伞形花序腋生。果近球形，红色或橙红色。花期 4~5 月，果9~10 月成熟。

其他用途

果可生食，也可酿酒、制果酱；叶可制土农药杀棉蚜虫；果、叶、根入药。

🔺 果实被鳞片

🔺 花

🔺 果序

🔺 叶背及花

🔺 叶背、枝条被鳞片

103 八角枫 *Alangium chinense*

科属：八角枫科八角枫属	别名：华瓜木
应用分布：我国黄河中上游，长江流域至华南、西南各地均有分布，在北京可生长。东南亚及非洲东部也有分布	观赏特性：观花、秋色叶
习性：稍耐阴，有一定耐寒性	园林用途：庭荫树、园景树

观赏佳期	1	2	3	4	5	6	7	8	9	10	11	12

识别要点

落叶灌木或小乔木。树皮淡灰色，栓翅皮孔。单叶互生，卵圆形，基歪斜，全缘或浅裂；叶柄常红色；秋叶鲜黄色。花瓣6~8，狭长状，黄白色。花期5~7月和9~10月，果期7~11月。

其他用途

药用，根名白龙须，茎名白龙条，治风湿、跌打损伤、外伤止血等；树皮纤维可编绳索；木材可做家具等。

🔺 树形树姿

🔺 淡灰色干皮

🔺 红色叶柄

🔺 卵圆形叶片

🔺 花枝

104 榔榆 *Ulmus parvifolia*

科属：榆科榆属	观赏特性：观树姿、干皮、秋叶
应用分布：我国华北中部至华南、中南、及西南等地，日本、朝鲜也有分布	园林用途：行道树、庭荫树、园景树、盆景树

习性：喜光，喜温暖湿润气候，耐干旱瘠薄；深根性，萌芽力强，生长速度中等偏慢，寿命较长；对二氧化硫等有毒气体及烟尘抗性较强

观赏佳期	1	2	3	4	5	6	7	8	9	10	11	12

🌾 识别要点

落叶乔木，或冬季叶变红或黄色宿存至翌年发新叶后脱落。树皮薄鳞片剥落后仍较光滑。叶小而厚，卵状椭圆形至倒卵形，单锯齿，基歪斜。花果期 8~10 月。

🌳 其他用途

可做造林树种。木材纹理直，耐水湿，可供家具、造船、农具等用；木板纤维可制蜡纸或人造棉，也可入药。

🔺 斑驳干皮　　🔺 翅果

🔺 树形及秋色　　🔺 枝叶

105 喜树 *Camptotheca acuminata*

科属：蓝果树科喜树属		别名：旱莲木、千丈树
应用分布：中国特产，分布于长江以南地区		观赏特性：观树姿、花、果
习性：喜光，喜温暖湿润气候，不耐寒，喜肥沃、湿润土壤，不耐干旱瘠薄；浅根性，生长快		园林用途：庭荫树、行道树

观赏佳期	1	2	3	4	5	6	7	8	9	10	11	12

🌿 识别要点

　　落叶乔木。单叶互生，全缘，羽状脉弧形而下凹；叶柄及背脉带红晕。头状花序球形，花杂性同株。坚果近方杜形。花期5~7月，果期9月。

🔺 树形树姿

🔺 枝叶（新叶具紫红色晕）

🌳 其他用途

　　木材轻软，可做造纸原料、胶合板、室内装饰等，果实、树皮、枝叶含喜树碱，有杀虫功效。

🔺 果枝

🔺 球形头状果序

106 川楝 *Melia toosendan*

科属：楝科楝属	观赏特性：观叶、花、果
应用分布：我国西南部及中部，以云南、贵州、四川三省最多，华北地区有引种	园林用途：庭荫树、行道树、园景树
习性：喜光，不耐寒；生长快；对烟尘及有毒气体抗性较强	

观赏佳期	1	2	3	4	5	6	7	8	9	10	11	12

识别要点

落叶乔木。二回羽状复叶互生，小叶长卵形，全缘或有不明显疏齿。核果较大，椭圆状球形。花期 3~4 月，果期 10~11 月。

其他用途

优良的速生用材种。木材用途同楝；树皮和根皮有杀虫作用，可治蛔虫；果实成熟后晒干，叫作川楝子、金铃子或川楝实，可入药。

△ 楝（左）、川楝（右）

△ 雄蕊合生成管状，此特点同楝

△ 花枝

107 棟 *Melia azedarach*

科属：棟科棟属	别名：棟树、苦棟
应用分布：我国黄河以南各地	观赏特性：观叶、花、果
习性：喜光，不耐阴，喜温暖湿润气候，耐寒力不强，对土壤要求不严	园林用途：工矿区绿化、庭荫树、行道树

观赏佳期	1	2	3	4	5	6	7	8	9	10	11	12

🌿 识别要点

落叶乔木。二至三回奇数羽状复叶，小叶卵形至卵状椭圆形。花淡紫色，有香味，呈圆锥状复伞状花序。核果近球形，熟时黄色。花期 4~5 月，果期 10~12 月。

🔺 花枝　　　　　🔺 果枝　　　　　🔺 球形果

🌳 其他用途

平原及低海拔丘陵区的良好造林树种。木质轻软，是良好用材树；果核仁油可供制油漆、润滑油和肥皂；鲜叶可制土农药。

🔺 树形树姿　　　　　🔺 枝叶

108 油桐 *Vernicia fordii*

科属：大戟科油桐属						别名：桐油树					
应用分布：我国长江流域及其以南地区，陕西、河南等地						观赏特性：观花、果					
习性：喜光，喜温暖湿润气候，不耐寒，不耐水湿和干旱						园林用途：庭荫树、行道树					
观赏佳期	1	2	3	4	5	6	7	8	9	10	11	12

识别要点

落叶乔木。小枝粗壮无毛。叶卵形，全缘，有时3浅裂；叶柄端有2个紫色腺体。花大，5瓣，白色，基部有红褐色条斑。果核近球形，果径4~6（~8）cm。花期3~4月，果期8~9月。

其他用途

我国重要的工业油料植物，种子是生产桐油的原料；果皮可制活性炭或提取碳酸钾。

△ 树干

△ 叶柄端有2个紫色腺体

△ 叶片正背面对比

△ 花

109 重阳木 *Bischofia polycarpa*

科属：大戟科重阳木属	别名：乌杨、匣冬树
应用分布：我国秦岭、淮河流域以南至两广北部	观赏特性：观树姿、三出复叶、花、果
习性：喜光，稍耐阴，喜温暖，耐寒力弱，耐水湿；根系发达，抗风力强	园林用途：庭荫树、行道树、堤岸绿化

观赏佳期	1	2	3	4	5	6	7	8	9	10	11	12

🌾 识别要点

落叶乔木。雌雄异株。树皮褐色，纵裂。小叶卵形至椭圆状卵形，先端突尖或突渐尖，缘有细钝齿。花小，绿色，呈总状花序。浆果球形，熟时红褐色。花期 4~5 月，果 9~11 月成熟。

🌳 其他用途

可做用材树；果肉可酿酒；种子榨油可食用，也可做润滑油及肥皂。

| 🔺 行道树 | 🔺 结果枝 | 🔺 三小叶及总状果序 | 🔺 树形树姿 |

110 乌桕 *Triadica sebiferum*

科属：大戟科乌桕属	别名：木子树、桕子树、腊子树
应用分布：主产我国黄河流域以南各地，北至陕西、甘肃；日本、越南、印度及欧洲、美洲、非洲都有栽培	观赏特性：秋色叶，观花、果
习性：喜光，有一定的耐旱、耐水湿及抗风能力	园林用途：护堤树、庭荫树、行道树

观赏佳期	1	2	3	4	5	6	7	8	9	10	11	12

🌿 识别要点

落叶乔木。单叶互生，菱状广卵形，先端尾状长渐尖，全缘；叶柄端有 2 腺体。花单性，无花瓣，成顶生穗状花序。蒴果 3 瓣裂；种子外被白色蜡质。花期 5~7 月，果期 10~11 月。

🔺 树形树姿

🔺 深纵裂干皮

🌳 其他用途

可做用材树。果实经冬不落，种子具有白色蜡质层，可制肥皂、蜡烛；种子油可做涂料，制涂油纸、油伞等。

🔺 果枝

🔺 种子外被白色蜡质

111 杜英 *Elaeocarpus decipiens*

科属：杜英科杜英属	观赏特性：观树姿、花
应用分布：我国南部各地，日本亦有分布	园林用途：行道树、园景树、庭荫树、工矿绿化树
习性：稍耐阴，喜温暖湿润气候及排水良好的酸性土壤；耐修剪；对二氧化硫抗性强	

观赏佳期	1	2	3	4	5	6	7	8	9	10	11	12

识别要点

常绿乔木。干皮不裂。嫩枝被微毛。叶革质，倒披针形至披针形，先端尖，基部狭下延，缘有钝齿。花白色，先端细裂如丝。核果椭圆，成熟时紫黑色。花期 6~7 月，果期 10~11 月。

其他用途

有药用价值，也是优良用材树，木质纹理直，易加工，不易开裂；可制皂和润滑油。

🔺 枝叶

🔺 果枝

🔺 树形树姿　　　🔺 树干

112 枳椇 *Hovenia acerba*

科属：鼠李科枳椇属	别名：拐枣、鸡爪子、万字果
应用分布：我国山西、陕西和甘肃南部，经长江流域至华南、西南各地	观赏特性：观花、果
习性：喜光，在肥沃湿润地上生长迅速	园林用途：庭荫树、行道树

观赏佳期	1	2	3	4	5	6	7	8	9	10	11	12

识别要点

落叶乔木。单叶互生，卵形，先端渐尖，缘有细锯齿，基出三主脉，叶柄及主脉常带红晕。二歧聚伞圆锥花序，花小，两性，淡黄绿色。果近球形，果熟时黄色或黄褐色，果序轴明显膨大。花期 5~7 月，果期 8~10 月。

其他用途

可供用材。果序轴可生食、酿酒、熬糖；民间用果序熬制"拐枣汤"治风湿，种子可入药。

▲ 树形树姿　　　　▲ 枝叶

▲ 果枝、叶片及种子

113 木芙蓉 *Hibiscus mutabilis*

科属：锦葵科木槿属	别名：芙蓉花
品名：'醉芙蓉'	观赏特性：观花
应用分布：我国黄河流域至华南均有栽培	园林用途：花灌木、花篱

习性：喜光，稍耐阴，喜肥沃、湿润而排水良好之中性或微酸性砂质壤土，喜温暖气候，不耐寒；对有毒气体有一定抗性												
观赏佳期	1	2	3	4	5	6	7	8	9	10	11	12

🌿 识别要点

落叶灌木或小乔木。小枝密生茸毛。叶卵圆形，掌状 3~5(7) 裂。花大，单生枝端叶腋，清晨初开时粉红色，傍晚变成紫红色。花期 9~10 月。

🌳 其他用途

花、叶入药，可清肺、凉血、散热、解毒。

🔴 树形树姿

🔴 粉红色大花

114 梧桐 *Firmiana simplex*

科属：梧桐科梧桐属	别名：青桐
应用分布：我国华北至华南、西南广泛栽培，尤以长江流域为多；日本也有分布	观赏特性：观树姿、干皮、花、果，皮青翠，叶裂如花
习性：喜光，喜温暖湿润气候，耐寒性不强，忌水淹	园林用途：庭荫树、行道树、园景树

观赏佳期	1	2	3	4	5	6	7	8	9	10	11	12

🌾 识别要点

落叶乔木。树冠卵圆形。树干端直；树皮灰绿色，光滑。侧枝每年阶状轮生；小枝粗壮，翠绿色。叶互生，掌状 3~5 裂；叶柄约与叶片等长。花单性同株，无花瓣，呈顶生圆锥花序；花后心皮分离成 5 蓇葖果，远在成熟前即开裂呈舟形。种子如豌豆大，着生于心皮边缘。花期 6~7 月，果期 9~10 月。

🔺 果序

🔺 花

🌳 其他用途

木材轻软，可制木匣及乐器；种子炒熟可食用或榨油；茎、叶、花、果、种子均可入药；树皮纤维可造纸和编绳；树刨片可浸出黏液，称为"刨花"，可润发。

🔺 花序

🔺 干皮

🔺 秋色叶

115 黄连木 *Pistacia chinensis*

科属：漆树科黄连木属		别名：楷木、横连、凉茶树			
应用分布：我国华北、西北的黄河流域，至两广及西南各地均有；菲律宾亦有分布		观赏特性：观秋色叶、果			
习性：喜光，幼时稍耐阴，畏严寒，耐干旱瘠薄，对土壤要求不严格		园林用途：庭荫树、行道树、风景树			
观赏佳期	1 2 3 4 5 6		7 8 9 10 11 12		

🌿 识别要点

　　落叶乔木。花单性异株。树皮裂成小方块状。偶数羽状复叶，小叶基部偏斜，全缘；早春嫩叶红色，入秋叶呈深红或橙黄色。圆锥花序，雄花序淡绿色，雌花序紫红色。核果球形，成熟后变红色至蓝色。

🌳 其他用途

　　木材鲜黄色，可制染料，质地坚硬致密，可作家具和细木工用材；种子榨油，可做润滑油及制皂；嫩叶可代茶或做蔬菜。

▲ 树形树姿　　　▲ 树干

▲ 枝叶　　　　　　　　　▲ 果序　　▲ 果皮颜色

116 南酸枣 *Choerospondias axillaris*

科属：漆树科南酸枣属	别名：五眼果、鼻涕果、醋酸果
应用分布：我国华南、西南、华东、西南及华中等地	观赏特性：观羽状复叶、花、果
习性：喜光，稍耐阴，不耐寒，喜土层深厚、排水良好的酸性及中性土壤，不耐水淹及盐碱；生长快；对二氧化硫、氯化氢抗性强	园林用途：庭荫树、行道树

观赏佳期	1	2	3	4	5	6	7	8	9	10	11	12

识别要点

落叶乔木。树干端直；树皮灰褐色，长条状开裂。奇数羽状复叶，小叶 7~15 枚，卵状披针形，叶基歪斜，全缘。核果成熟时黄色，酸香可食；种子卵形，顶端可见 5 个小孔，又名"五眼果"。花期 4 月，果期 8~9 月。

其他用途

为造林速生树种。果可生食及酿酒用；树皮和果可入药；茎皮纤维可做绳索；果核可制炭、手串。

🔺 树形树姿　　🔺 长条状开裂树皮　　🔺 卵状披针形叶片　　🔺 花序

117 大果冬青 *Ilex macrocarpa*

科属：冬青科冬青属	观赏特性：观树姿、干皮、花、果
应用分布：我国西南及中南部	园林用途：园景树
习性：喜光，不耐寒，生于海拔 400~2400m 的山地林中	

观赏佳期	1	2	3	4	5	6	7	8	9	10	11	12

🌿 识别要点

落叶乔木，高达 15m。有长短枝。干皮浅灰色、光滑。叶纸质，卵形或卵状椭圆形，有细钝齿，叶脉两面明显，通常无毛。花单朵或 2~5 朵，呈聚伞花序，花白色，芳香。果较大，近球形，1.2~1.5cm，熟时黑色，顶端柱头宿存。花期 4~5 月，果期 10~11 月。

🌳 其他用途

木材优良；根药用，用于眼翳。

🔺 枝叶

🔺 果枝

118 枸骨 *Ilex cornuta*

科属：冬青科冬青属	别名：鸟不宿、猫儿刺
品种：'无刺''黄果''无刺黄果'	观赏特性：观果、叶
应用分布：我国长江中下游各地；朝鲜有分布	园林用途：刺篱、盆栽、园景树
习性：喜光，稍耐阴，喜温暖气候及肥沃、湿润而排水良好之微酸性土壤	

观赏佳期	1	2	3	4	5	6	7	8	9	10	11	12

识别要点

常绿灌木或小乔木。叶硬革质，二型，四角状长圆形或卵形，顶端有 3 枚坚硬刺齿，中央刺齿常反曲。花小黄绿色。核果球形，鲜红色。花期 4~5 月，果 9~10（12）月成熟。

其他用途

其根、枝叶和果可入药。种子含油，可做肥皂，树皮可做染料和提取栲胶；木材软韧，可用作牛鼻栓。

🔺 树形树姿

🔺 橙红色球形核果

119 大叶冬青 *Ilex latifolia*

科属：冬青科冬青属						别名：苦丁茶、大苦酊					
应用分布：我国长江下游及华南地区						观赏特性：观花、果					
习性：耐阴，不耐寒						园林用途：园景树、园路树					
观赏佳期	1	2	3	4	5	6	7	8	9	10	11	12

🌿 识别要点

常绿乔木。小枝粗而有纵棱。叶大，厚革质，长椭圆形，缘有细尖锯齿。花黄绿色。果红色，秋季成熟。花期4月，果期9~10月。

🌳 其他用途

嫩叶可代茶，有药效；叶和果可入药。木材可做细木原料、树皮可提栲胶。

🔺 果枝

🔺 树形树姿

🔺 厚革质叶、红色果

120 齿叶冬青 *Ilex crenata*

科属：冬青科冬青属	别名：波缘冬青、钝齿冬青、假黄杨										
应用分布：我国浙江、福建、江西、湖南、广东和台湾等地	观赏特性：观花、果										
习性：喜温暖湿润润气候及肥沃的酸性土壤	园林用途：绿篱、盆景										
观赏佳期	1	2	3	4	5	6	7	8	9	10	11	12

🌿 识别要点

常绿灌木或小乔木。多分枝。叶小而密生，椭圆形至倒长卵形，缘有浅钝齿，厚革质，正面深绿有光泽，背面浅绿有腺点。花小，白色，雌花单生。果球形，熟时黑色。花期5~6月，果期8~10月。

🌳 其他用途

叶可入药，具清热解毒消炎、促伤口愈合的功效，亦是蜜源植物。树皮可制胶黏剂。

△ 枝叶

△ 树形树姿

△ 分枝多

121 冬青 *Ilex chinensis*

科属：冬青科冬青属	观赏特性：观树姿、花、果
应用分布：我国长江流域及其以南各地	园林用途：园景树、庭荫树

习性：喜光，稍耐阴，喜温暖湿润气候及肥沃的酸性土壤，不耐寒，耐修剪；抗风力强

观赏佳期	1	2	3	4	5	6	7	8	9	10	11	12

识别要点

常绿乔木。树皮灰青色，平滑。叶薄革质，长椭圆形至披针形，先端渐尖，缘疏生浅齿。聚伞花序，紫红色或淡紫色。果实红色，椭球形。花期 5~6 月，果 9~10(11) 月成熟。

其他用途

木材坚韧，供细木工原料，用于制玩具、雕刻品、工具柄、刷背和木梳等；树皮、叶、根及种子供药用。

🍂 树形树姿

🔺 果枝

🔺 红色果实

122 无患子 *Sapindus saponaria*

科属: 无患子科无患子属	**别名**: 洗手果、木患子、油患子
应用分布: 我国长江流域及以南各地；日本、朝鲜、中南半岛、印度也有栽培	**观赏特性**: 观花、果，金黄秋色叶
习性: 喜光，稍耐阴，喜温暖湿润气候，耐寒性不强，对土壤要求不严，抗风力强；萌芽力弱，不耐修剪	**园林用途**: 庭荫树、行道树、优秀的秋色叶树

观赏佳期	1	2	3	4	5	6	7	8	9	10	11	12

🌿 识别要点

落叶乔木。偶数羽状复叶互生，小叶 8~16 枚，互生或近对生，全缘，薄革质，无毛。花黄白色或带淡紫色，圆锥花序顶生。核果近球形。花期 6~7 月，果期 9~10 月。

🌳 其他用途

根、果入药；果皮含皂素，可代肥皂，宜用于洗丝制品；木材质软，可制箱板和木梳等。

🔺 果枝

🔺 树形树姿

🔺 偶数羽状复叶

123 野鸦椿 *Euscaphis japonica*

科属：省沽油科野鸦椿属	别名：酒药花、鸣肾果、鸡眼睛
应用分布：我国长江流域及其以南各地；日本、朝鲜也有分布	观赏特性：观花、果
习性：喜阴凉潮湿环境，不耐寒	园林用途：园景树

观赏佳期	1	2	3	4	5	6	7	8	9	10	11	12

🌿 识别要点

落叶灌木或小乔木。小枝及芽红紫色。羽状复叶对生。花小而绿色。蓇葖果红色，状如鸟类砂囊。种子近圆形，假种皮黑色、肉质。花期5~6月，果期9~10月。

🌳 其他用途

木材可制器具；种子油可制皂；树皮提取烤胶；根、果等入药，可祛风湿。

🔺 树形树姿

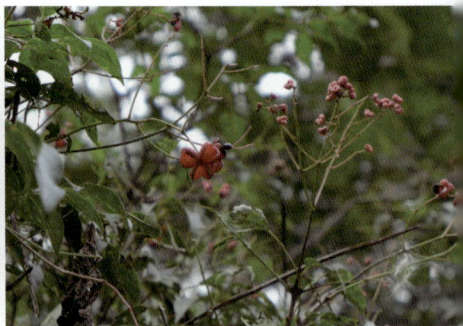

🔺 果枝（红色蓇葖果）

124 建始槭 *Acer henryi*

科属：槭树科槭树属					别名：亨氏槭、三叶槭						
应用分布：我国山西南部、河南、陕西、甘肃及长江流域					观赏特性：观亮橙或鲜红秋色叶、翅果						
习性：喜湿润沙壤土					园林用途：庭荫树、行道树						
观赏佳期	1	2	3	4	5	6	7	8	9	10	11	12

🌿 识别要点

落叶小乔木。三出复叶，小叶椭圆形，先端尾状渐尖，基部楔形。花单性异株，呈下垂穗状花序。果翅夹角小。花期4月，果期9月。

🌳 其他用途

良好用材树；树皮可制烤胶；种子油脂可提炼工业用油；根部入药。

🔸 三出复叶

🔸 果序

125 秀丽槭 *Acer elegantulum*

科属：槭树科槭树属	观赏特性：秋色叶亮黄色或红色
应用分布：我国东北、华北至长江流域	园林用途：庭荫树、园路园景树、风景林
习性：喜弱光，稍耐阴，喜温凉湿润气候，对土壤要求不严	

观赏佳期	1	2	3	4	5	6	7	8	9	10	11	12
									9	10	11	

识别要点

落叶乔木。叶掌状 5 裂，裂片较宽，先端尾状锐尖，裂片不再 3 裂，叶基部常心形。花序圆锥状。果翅中部最宽，张开近于水平，长为果核 1.5~2 倍。花期 5 月，果期 9 月。

其他用途

根及根皮入药，有祛风除湿止痛之功效。

🔻 叶掌状 5 裂

🔻 翅果

126 鸡爪槭 *Acer palmatum*

科属：槭树科槭树属	观赏特性：观树姿、掌状叶、红黄色或古铜色秋叶
品种：'红枫''羽毛'枫'红羽毛'枫	园林用途：园景树、盆栽
应用分布：产于我国长江流域各地，山东、河南，北京小气候保护栽培；朝鲜、日本也有分布	习性：弱喜光，耐半阴，喜温暖湿润气候及肥沃、湿润且排水良好的土壤，耐寒力不强

观赏佳期	1	2	3	4	5	6	7	8	9	10	11	12

🌿 识别要点

落叶小乔木。叶掌状5~9深裂，近圆形，裂片卵状长椭圆形至披针形。花杂性，紫色；伞房花序顶生，无毛。翅果无毛，两翅展开呈钝角。花期5月，果期9月。

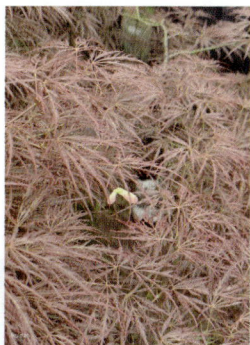

🌳 其他用途

枝叶入药可止痛、解毒。

🔺 '红羽毛'枫　　🔺 '羽毛'枫

🔺 '红枫'　　🔺 树形　　🔺 枝叶及翅果

127 樟叶槭 *Acer coriaceifolium*

科属: 槭树科槭树属	观赏特性: 观树姿、果、红色新叶
应用分布: 我国东南部至湖南、贵州等地	园林用途: 庭荫树、行道树、背景树
习性: 耐半阴，喜温暖湿润气候，不耐寒	

观赏佳期	1	2	3	4	5	6	7	8	9	10	11	12

识别要点

常绿乔木。叶革质，长椭圆形，先端短渐尖，基部钝圆，全缘。伞房花序顶生，有茸毛。翅果展开呈直角或锐角。

其他用途

良好的山地风景林用树。

△ 枝叶

△ 翅果

128 三角槭 *Acer buergerianum*

科属：槭树科槭树属	别名：三角枫
应用分布：我国长江中下游各地，北到山东，南至广东、台湾均有分布	观赏特性：观树姿、暗红或橙色秋叶
习性：喜弱光，稍耐阴，喜温暖湿润气候及酸性、中性土壤，较耐水湿，极耐寒；耐修剪	园林用途：庭荫树、行道树、护岸树、绿篱树

观赏佳期	1	2	3	4	5	6	7	8	9	10	11	12

🌾 识别要点

　　落叶乔木。叶基部圆形，常三浅裂，三主脉，裂片全缘，或上部疏生浅齿。花杂性，黄绿色，顶生伞房花序，有短柔毛。果翅张开呈锐角或近于直角。

🔺 叶及树干

🔺 叶片及翅果

🌳 其他用途

　　木材优良，也可入药。

🔺 叶片三浅裂

🔺 秋色叶

129 光皮梾木 *Cornus wilsoniana*

科属：山茱萸科梾木属						别名：斑皮抽丝树					
应用分布：我国中西部至南部地区						观赏特性：观干皮、花、果					
习性：喜光，喜深厚、湿润、肥沃土壤，在酸性土及石灰岩山地均生长良好；生长较快，寿命较长						园林用途：行道树、园景树					
观赏佳期	1	2	3	4	5	6	7	8	9	10	11	12

🌿 识别要点

落叶乔木。树皮薄片状脱落，光滑，绿白色。叶对生，撕开有弹性丝。圆锥状聚伞花序，花白色。核果黑色。花期6月，果期10~11月。

🌳 其他用途

木材可做家具；叶可做优质饲料；果实含油量较高、油质好，为优良木本油料植物；也是良好的蜜源植物。

🔺 树形树姿

🔺 干皮绿白相间

🔺 枝叶

130 山茱萸 *Cornus officinalis*

科属：山茱萸科山茱萸属	别名：枣皮
应用分布：我国长江流域及山西、陕西、甘肃、山东、河南等地	观赏特性：观黄花、红果、秋色叶
习性：性强健，喜光，耐寒，喜肥沃而湿度适中的土壤，也耐旱	园林用途：园景树、盆栽、盆景

观赏佳期	1	2	3	4	5	6	7	8	9	10	11	12

识别要点

落叶灌木或小乔木。树皮片状剥裂。叶对生，有平伏毛，叶背脉腋有黄色簇毛。伞形花序，有总苞片 4 枚，花鲜黄色。果红色。花早春先叶开放，果期 8~10 月。

其他用途

果实去核即中药"茱萸肉"，有温补肝肾、固涩精气等功效。

△ 树形

△ 早春先花后叶

△ 果

△ 花序

△ 叶背脉腋褐色毛

131 灯台树 *Cornus controversa*

科属：山茱萸科梾木属		别名：六角树、瑞木
应用分布：我国辽宁、华北、西北至华南、西南地区；日本、印度北部、尼泊尔、不丹也有分布		观赏特性：观树姿、花、果
习性：喜温暖气候及半阴环境，适应性强，耐寒，耐热；生长快		园林用途：庭荫树、园景树、行道树

观赏佳期	1	2	3	4	5	6	7	8	9	10	11	12

识别要点

落叶乔木。侧枝轮状着生，层次明显。叶互生，常集生枝端。伞房状聚伞花序，花白色。核果球形，成熟时紫红色至蓝黑色。花期5~6月，果期7~8月。

其他用途

木本油料植物，果可榨油。

△ 果序

△ 树形

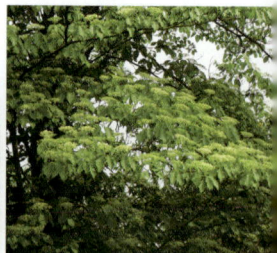

△ 花枝

132 四照花 *Coruus kousa* subsp. *chinensis*

科属：山茱萸科四照花属	观赏特性：观树姿、干皮、苞片、果、秋色叶
品种：'斑叶''粉苞''垂枝'	园林用途：园景树
应用分布：我国长江流域及河南、山西、陕西、甘肃等地	习性：喜光，耐半阴，适应性强，能耐一定程度的寒、旱、瘠薄

观赏佳期	1	2	3	4	5	6	7	8	9	10	11	12

🌾 识别要点

落叶小乔木。单叶对生，厚纸质，叶背有白色柔毛。花小，呈密集球形头状花序，外有花瓣状白色大形总苞片 4 枚。聚花果肉质，红色。花期 5~6 月，果期 9~10 月。

🌳 其他用途

果味甜，可生食或供酿酒。

🔺 秋色叶　　　🔺 花枝

🔺 果实　　　🔺 头状花序和 4 枚白色苞片　　　🔺 叶背毛

133 细柱五加 *Eleutherococcus nodiflorus*

科属：五加科五加属						别名：五加、五加木、白刺兴					
应用分布：我国华东、华中、华南及西南						观赏特性：观掌状复叶					
习性：性强健，适应性强						园林用途：刺篱					
观赏佳期	1	2	3	4	5	6	7	8	9	10	11	12

🌿 识别要点

落叶灌木。掌状复叶在长枝上互生，在短枝上簇生；小叶5，中央1小叶最大。伞形花序单生于叶腋或短枝的顶端，很少有2伞形花序生于同一花序梗上者；花瓣5，黄绿色。果近于圆球形，熟时紫黑色。花期4~8月，果期6~10月。

🌳 其他用途

根皮供药用。

△ 花序

△ 果序

134 花叶青木 *Aucuba japonica var. variegata*

科属：山茱萸科桃叶珊瑚属	别名：洒金东瀛珊瑚
应用分布：原产日本、朝鲜及我国台湾、福建；我国华南地区长江流域可露地栽植	观赏特性：观花叶、花、果
习性：耐阴性强，不耐寒，喜温暖湿润环境，夏季忌强光暴晒	园林用途：盆栽或地栽、观叶树、植篱树、木本地被

观赏佳期	1	2	3	4	5	6	7	8	9	10	11	12

识别要点

常绿灌木。小枝绿色，无毛。叶对生，缘疏生粗齿，革质，有金色斑点。花绿白色略带紫色，圆锥花序。果红色，冬季观果。花期 1~2 月，果期自花后至翌年 4 月。

其他用途

枝叶可瓶插观赏。

🔺 树形树姿

🔺 叶片有金色斑点

135 八角金盘 *Fatsia japonica*

科属：五加科八角金盘属	别名：手树
应用分布：原产日本；我国长江以南地区可露地栽植，长江以北地区常温室盆栽	观赏特性：观叶、花、果
习性：极耐阴，喜温暖湿润气候，不耐干旱，耐寒性不强；对有害气体具有较强抗性	园林用途：盆栽或地栽、观叶树

观赏佳期	1	2	3	4	5	6	7	8	9	10	11	12

🌿 识别要点

常绿灌木。叶掌状 7~9 裂，裂片卵状长椭圆形，缘有齿，基部心形或截形，表面有光泽。伞形花序再集成大的顶生圆锥花序，花小，白色。花期 10~11 月，果期 5 月至翌年 2 月。

🌳 其他用途

叶、根可入药。

🔺 树形树姿

🔺 枝叶

🔺 顶生圆锥花序

136 全缘叶栾树 *Koelreuteria bipinnata var. integrifolia*

科属：无患子科栾树属	别名：黄山栾树、山膀胱
应用分布：我国江苏南部、浙江、安徽、江西、湖南、广东、广西等地	观赏特性：观叶、花、果
习性：喜光，喜温暖湿润气候，耐寒性差，对土壤要求不严；生长快	园林用途：庭荫树、行道树、风景树

观赏佳期	1	2	3	4	5	6	7	8	9	10	11	12

识别要点

落叶乔木。树皮暗灰色，片状剥落。小枝暗棕色，密生皮孔。二回羽状复叶，小叶全缘。花金黄色，呈顶生圆锥花序。蒴果膨大，椭圆形或近球形，红色。花期7~9月，果期8~10月。

与原种复羽叶栾树的区别点是：本变种通常小叶全缘。

其他用途

可用材；种子油可供工业用；根及花入药。

△ 树形树姿

△ 金黄色圆锥花序

△ 二回羽状复叶

杭州植物园分类区识别四区

本区以忍冬科、木樨科、山茶科、单子叶植物等为主，共
51种。

137 珊瑚树 *Viburnum odoratissimum*

科属：忍冬科荚蒾属	别名：早禾树、极香荚蒾
应用分布：我国华北南部至华南地区；印度东部、缅甸北部、泰国、越南亦有分布	观赏特性：观花序、果、绿叶
习性：稍耐阴，喜温暖气候，不耐寒；耐修剪；耐烟尘，对二氧化硫及氯气有较强的抗性和吸收能力	园林用途：植篱树

观赏佳期	1	2	3	4	5	6	7	8	9	10	11	12

🌾 识别要点

　　侧枝近轮生，枝条密集。叶狭长，深浓绿色，倒卵圆形，全缘或上部有疏钝齿；叶柄红色。花小而白，芳香，顶生圆锥花序。核果卵状椭球形，由红变黑。花期5~6月，果期7~9月。

🌳 其他用途

　　工厂区绿化及防火隔离的优良树种。木材可供细木工用；根、叶入药。

⬆ 枝干

⬆ 果序

⬆ 结果枝

⬆ 枝叶

⬆ 花序

138 鸡树条 *Viburnum opulus* subsp. *calvescens*

科属：忍冬科荚蒾属	别名：天目琼花
品种：'天目绣球'	观赏特性：观花序、果、秋叶
应用分布：我国东北、内蒙古、华北至长江流域	园林用途：花果树
习性：喜光，耐半阴，耐寒，耐旱，少病虫害	

观赏佳期	1	2	3	4	5	6	7	8	9	10	11	12

🌿 识别要点

落叶灌木。树皮暗灰色，浅纵裂。叶卵圆形，常3裂，缘有不规则大齿；叶柄端两侧有2~4个盘状大腺体。复伞形式聚伞花序，具大型白色不育边花。核果近球形，鲜红色。花期5~7月，果熟期9~10月。

🌳 其他用途

种子含油，供制肥皂和润滑油。

🔺 果　　　🔺 花

🔺 花序俯瞰

139 琼花 *Viburnum macrocephalum* f. *keteleeri*

科属：忍冬科荚蒾属						别名：聚八仙、八仙花、蝴蝶木						
应用分布：我国长江中下游地区						观赏特性：观花序、果						
习性：喜光，稍耐阴，耐寒性不强						园林用途：花灌木、盆栽						
观赏佳期	1	2	3	4	5	6	7	8	9	10	11	12

识别要点

落叶灌木。具裸芽，叶卵形至椭圆形。聚伞花序集生成伞房状，花序中央为两性的可育花，仅边缘有大型白色不育花。核果椭球形，先红后黑。花期 4 月，果期 9~10 月。

其他用途

扬州、昆明市花，以扬州栽培的琼花最为有名；枝、叶、果入药。

🔺 树形树姿　　　　🔺 花枝　　　　🔺 粉白色聚伞花序

140 海仙花 *Weigela coraeensis*

科属：忍冬科锦带花属	别名：朝鲜锦带花
品种：'白海仙花''红海仙花'	观赏特性：观花
应用分布：我国华东、华北地区	园林用途：花篱

| 习性：喜光，稍耐阴，喜湿润肥沃土壤，有一定耐寒性，在北京可露地过冬 |||||||||||||

观赏佳期	1	2	3	4	5	6	7	8	9	10	11	12

识别要点

　　小枝较粗，无毛或近无毛。叶广椭圆形至倒卵形，表面中脉及背面脉上稍被平伏毛。聚伞花序，花无梗。花冠漏斗状钟形，外面无毛或者稍有疏毛；花萼线形；花期 5~6 月。

其他用途

　　可入药。

🌿 萼片深裂到底　　🌿 开花植株

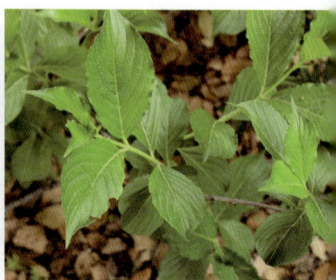

🌿 枝叶

141 大花六道木 *Abelia × grandiflora*

科属：忍冬科六道木属	别名：大花糯米条
品种：'金叶'	观赏特性：观花、萼片，观赏期长
应用分布：我国华东、西南及华北地区	园林用途：植篱树、盆景
习性：耐半阴，耐寒，耐旱，耐修剪；生长快，根系发达	

观赏佳期	1	2	3	4	5	6	7	8	9	10	11	12

🌿 识别要点

半常绿灌木。为糯米条与单花六道木的杂交种（*A.chinesis × A. uniflora*）。幼枝红褐色，有短柔毛。叶卵形至卵状椭圆形，缘有疏齿，表面暗绿而有光泽。花冠白色略带红晕、钟形，成松散的顶生圆锥花序。7月至晚秋开花不断。

🌳 其他用途

果实可以入药。

🔺 树形树姿

🔺 白色钟形花冠

142 糯米条 *Abelia chinensis*

科属：忍冬科六道木属	观赏特性：观花序
应用分布：我国华北以南地区	园林用途：花篱

习性：喜光，稍耐阴，耐干旱瘠薄，耐修剪，稍耐寒，在北京可露地越冬												

观赏佳期	1	2	3	4	5	6	7	8	9	10	11	12

识别要点

落叶灌木。小枝有毛，幼枝和叶柄带红色。叶对生，有时 3 枚轮生。叶背脉上有白色柔毛。密集聚伞花序在枝梢复合成圆锥状，花冠漏斗状，端 5 裂，粉红色，萼片 5，雄蕊和花柱伸出。果实具宿存而略增大的萼裂片。7~9 月开花。

其他用途

全株可入药。

🌀 糯米条

🌀 大花六道木（右 1、2）和糯米条（左 1、

143 牡荆 *Vitex negundo var.cannabifolia*

科属：马鞭草科牡荆属	观赏特性：观花序、果
应用分布：我国河北经华东、中南以至西南地区；日本也有分布	园林用途：盆景树、园景树
习性：喜光，耐寒、耐旱、耐瘠薄土壤，适应性强	

观赏佳期	1	2	3	4	5	6	7	8	9	10	11	12

识别要点

落叶灌木或小乔木。掌状复叶，对生。小叶 5，少有 3；小叶片披针形或椭圆状披针形，顶端渐尖，基部楔形，边缘有粗锯齿；正面绿色，背面淡绿色，通常被柔毛。圆锥花序顶生，花冠淡紫色。果实近球形，黑色。花期 6~7 月，果期 8~11 月。

其他用途

茎皮可造纸或人造棉；根、茎、叶、种子入药；花及枝叶可提芳香油。

🌱 枝叶

🌱 植株

144 梓 *Catalpa ovata*

科属：紫葳科梓树属	别名：木角豆、黄花楸
应用分布：我国东北至华南北部地区；日本也有分布	观赏特性：观树姿、花序、果
习性：喜光，稍耐阴，喜肥沃湿润而排水良好的土壤；抗污染能力强	园林用途：庭荫树、行道树、工矿绿化树

观赏佳期	1	2	3	4	5	6	7	8	9	10	11	12

识别要点

落叶乔木。叶对生或 3 叶轮生，广卵形，常 3-5 浅裂；基部心形，背面无毛；基部脉腋有 4~6 个紫斑。顶生圆锥花序，花淡黄色，内有紫斑或黄条纹。蒴果细长。花期 5~6 月，果期 10~11 月。

其他用途

速生用材树种。嫩叶可食；叶或树皮可制农药；果实可入药。

🔺 树形树干　　🔺 细长蒴果

🔺 淡黄色顶生圆锥花序　　🔺 叶背无毛

145 黄金树 *Catalpa speciosa*

科属：紫葳科梓树属	别名：白花梓树
应用分布：原产美国中部至东部地区；我国南北各地均有分布	观赏特性：观花序、果
习性：喜光，稍耐阴，喜温暖湿润气候，耐干旱，有一定耐寒性，不耐积水；深根性，抗风能力强	园林用途：庭荫树、行道树

观赏佳期	1	2	3	4	5	6	7	8	9	10	11	12

🌾 识别要点

落叶乔木。叶通常为卵形，全缘，偶有 3 裂，先端长渐尖；基部截形或圆形，背面有柔毛；基部脉腋有透明绿斑。花白色，内有淡紫斑及黄色条纹。花期 5~6 月，果期 8~9 月。

🌳 其他用途

种仅在深厚肥沃土壤迅速生长，在原产地为速生用材树种，长势不及梓和楸。新鲜枝叶、树皮可提炼香精、制作高级香水。

🔺 果实　　　　🔺 树形　　　　🔺 盛花期　　　　🔺 花

146 云南黄馨 *Jasminum mesnyi*

科属：木樨科素馨属		别名：南迎春、野迎春									
应用分布：我国云南、四川中西部、贵州中部至福建等		观赏特性：观花、拱形下垂枝条									
习性：喜光，稍耐阴，不耐寒		园林用途：植篱树、植于路缘、岸边、坡地及石隙									
观赏佳期	1	2	3	4	5	6	7	8	9	10	11	12

🌿 识别要点

常绿灌木。枝绿色，四棱形细长拱形，下垂。三出复叶对生，叶面光滑。花黄色，较迎春花大；花冠6裂或半重瓣，单生于具总苞状单叶之小枝端。花期11月至翌年8月，果期3~5月。

🌳 其他用途

根、叶、花均可入药。

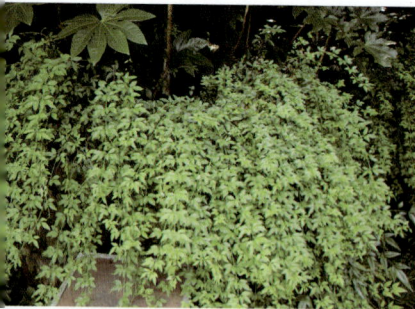

🔺 树形

🔺 花重瓣

147 探春花 *Chrysojasminum floridum*

科属：木樨科探春花属	别名：迎夏、鸡蛋黄、黄素馨
应用分布：我国华北南部至湖北、四川、贵州北部	观赏特性：观花序、果
习性：喜光，稍耐阴，耐寒性不如迎春，北京露地栽培冬季需要稍加保护	园林用途：植篱树

观赏佳期	1	2	3	4	5	6	7	8	9	10	11	12

🌿 识别要点

半常绿灌木。小枝绿色，光滑。羽状复叶互生，小叶 3~5 枚，卵形或卵状椭圆形；先端渐尖，基部楔形，通常无毛；中脉在表面凹下，在背面隆起。花冠黄色，裂片 5，先端尖，无毛；聚伞花序或伞状聚伞花序顶生。花期 5~9 月，果期 9~10 月。

🌳 其他用途

可供药用；嫩花炒食，其味甘甜。

🔺 树形树姿　　　　🔺 枝叶

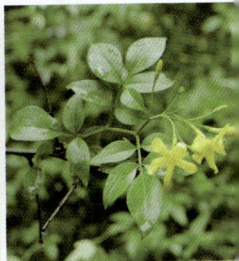

🔺 复叶及花序

148 木樨 *Osmanthus fragrans*

科属：木樨科木樨属	别名：桂花、木犀
品种：'丹桂''金桂''银桂''四季'	观赏特性：观树姿、枝、花
应用分布：原产我国西南，现主栽长江流域，北京小气候保护栽植	园林用途：园景树

习性：喜光，耐半阴，喜温暖气候，不耐寒											

观赏佳期	1	2	3	4	5	6	7	8	9	10	11	12

识别要点

常绿乔木。树皮灰色，不裂。单叶对生，长椭圆形，两端尖，缘具疏齿或近全缘，硬革质；叶腋具 2~3 个叠生芽。花小，淡黄色，浓香。花期 9~10 月，果期翌年 3 月。

其他用途

花可做香料，可食用、药用。

🔺 树形树姿　　　　🔺 花枝　　　　🔺 核果紫黑色

149 柊树 *Osmanthus heterophyllus*

科属：木樨科木樨属	别名：刺桂
应用分布：原产我国台湾、华中、华南地区，山东小气候保护栽植	观赏特性：观树姿、花
习性：喜光，较耐阴，喜温暖，稍耐寒，抗逆性强	园林用途：园景树

观赏佳期	1	2	3	4	5	6	7	8	9	10	11	12

🌿 识别要点

常绿灌木或小乔木。叶对生，硬革质，卵状椭圆形；缘常有 3~5 对大刺齿，偶为全缘。花白色，甜香，簇生叶腋。核果蓝色。花期 10~12 月，果期翌年 5~6 月。

🌳 其他用途

木材坚实；种子、树皮也可入药。

🔺 树形树姿

🔺 硬革质卵状椭圆形叶片

🔺 花枝

150 杜鹃花 *Rhododendron simsii*

科属：杜鹃花科杜鹃花属		别名：映山红、水山红
应用分布：我国长江流域及其以南各地		观赏特性：观花
习性：喜半阴，喜温暖湿润气候及酸性土壤，不耐寒		园林用途：植篱树

观赏佳期	1	2	3	4	5	6	7	8	9	10	11	12

识别要点

　　落叶灌木。枝叶及花梗均密被黄褐色粗状毛。叶先端锐尖，基部楔形。花深红色，有紫斑，簇生。花期4~6月。

其他用途

　　我国中南、西南地区酸性土指示植物。全株可入药。

▲ 杜鹃花（左）和毛白杜鹃（右）

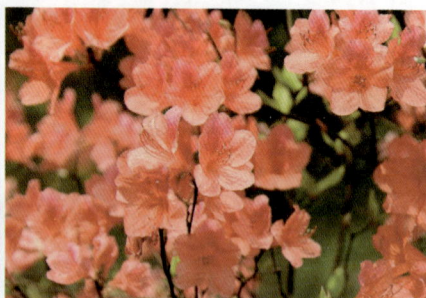

▲ 花

151 毛白杜鹃 *Rhododendron mucronatum*

科属：杜鹃花科杜鹃花属	别名：白花杜鹃、尖叶杜鹃
应用分布：我国南部地区；日本、越南、印度尼西亚，英国、美国引种栽培	观赏特性：观花
习性：耐热，不耐寒，抗有害气体能力强，对土壤适应性强	园林用途：植篱树、盆栽

观赏佳期	1	2	3	4	5	6	7	8	9	10	11	12

🌾 识别要点

半常绿灌木，多分枝。枝叶及花梗均密生粗毛。叶面细皱，背面有黏性腺毛。花白色，有时淡红色，芳香。花期4~5月。

🔺 树形树姿

🔺 枝叶密生粗毛

🌳 其他用途

叶含黄酮类，可入药。

🔺 花

🔺 被腺毛

152 云锦杜鹃 *Rhododendron fortunei*

科属：杜鹃花科杜鹃花属	别名：天目杜鹃
应用分布：我国陕西及长江以南地区高山林中	观赏特性：观花
习性：喜温暖湿润气候及酸性土壤，耐半阴，不耐寒	园林用途：盆栽

观赏佳期	1	2	3	4	5	6	7	8	9	10	11	12

识别要点

常绿灌木或小乔木。小枝粗壮，淡绿色。叶簇生枝端，长椭圆形，基部圆形或近心形，先端圆而具小尖头，厚革质，有光泽；背面略有白粉。伞形短总状花序；花大而芳香，漏斗状钟形，淡玫瑰粉色。花期4~5月，果期8~10月。

其他用途

根、叶、花可入药。

小枝粗壮淡绿色

叶簇生枝端

花

153 油柿 *Diospyros oleifera*

科属：柿树科柿树属						别名：绿柿、方柿					
应用分布：我国东南部及湖南、苏州洞庭山一带						观赏特性：观花、果、树干					
习性：喜温暖湿润气候及肥沃土壤，较耐水湿、抗逆性强						园林用途：园景树、花果树					
观赏佳期	1	2	3	4	5	6	7	8	9	10	11	12

识别要点

落叶乔木。树皮灰褐色，薄片状剥落，内皮白色，光滑、幼枝密生茸毛。叶质较薄，椭圆形至卵状椭圆形，两面被柔毛，背面尤密。浆果扁球形或卵圆形，无光泽，幼果密生毛，老时毛少并有黏胶物渗出。花期 9 月，果熟期 10~11 月。

其他用途

果供食用，果蒂（宿存花萼）入药；也可做砧木嫁接柿树。

🌢 灰褐色干皮　　　🌢 内皮白色光滑　　　　　🌢 果枝

154 秤锤树 *Sinojackia xylocarpa*

科属：安息香科秤锤树属	别名：捷克木
应用分布：我国江苏西南部、浙江西北部、安徽、湖北及河南东南部	观赏特性：观花、果
习性：喜光，耐半阴，喜肥沃湿润排水良好的酸性土壤	园林用途：园景树；花白色而美丽，果实形似秤锤

观赏佳期	1	2	3	4	5	6	7	8	9	10	11	12

识别要点

落叶乔木，具枝刺。单叶互生，缘有硬骨质细锯齿，无毛或者仅叶脉上有疏生星状毛，叶脉在叶背显著凸起，叶背比叶面亮。总状聚伞花序生于侧枝顶端，3~5 朵；花梗柔软下垂；花白色。果木质，有白色斑纹，有钝或凸尖的喙，形如秤锤。花期 4~5 月，果熟期 10~11 月。

其他用途

我国特产、珍稀濒危植物、中国二级保护植物。

▲ 花枝

▲ 果枝

▲ 形似秤锤的果实

155 老鸦柿 *Diospyros rhombifolia*

科属：柿树科柿树属	观赏特性：观果
应用分布：我国华东地区	园林用途：盆景、植篱树、花果树
习性：喜温暖湿润气候及肥沃土壤，耐半阴	

观赏佳期	1	2	3	4	5	6	7	8	9	10	11	12

🌿 识别要点

落叶小乔木。干皮黑。枝有刺，无毛。叶卵状菱形至倒卵状圆形，芽饱满、色浅。花白色，单生叶腋，宿存萼片有明显纵脉纹。浆果卵球形，顶端有小突尖，有柔毛。花期 4 月，果熟期 10 月。

🌳 其他用途

果实可提取柿漆；实生苗可做砧木，嫁接柿树。

🔺 树形树姿

🔺 花芽

🔺 果枝

156 光亮山矾 *Symplocos lucida*

科属：山矾科山矾属		别名：棱角山矾、留春树
应用分布：我国江西庐山、浙江、湖南等地		观赏特性：观树姿、果
习性：喜光，稍耐阴；对有毒气体抗性较强		园林用途：园景树

观赏佳期	1	2	3	4	5	6	7	8	9	10	11	12

🌿 识别要点

常绿乔木。树冠圆球形。干皮光滑。小枝黄绿色，有数棱。单叶互生，厚革质，长椭圆形；缘有疏浅齿，表面绿色有光泽。圆锥花序，花小，白色。果蓝黑色，有光泽。花期 3~4 月，果熟期 10 月。

🔻 厚革质单叶互生花枝果枝（小枝黄绿色有棱）

🔻 花枝

🔻 果枝

🔻 树形树姿

🔻 干皮光滑

🌳 其他用途

抗多种有毒气体，叶可入药。

157 芭蕉 *Musa basjoo*

科属：芭蕉科芭蕉属						别名：芭蕉树					
应用分布：原产日本琉球群岛；我国秦岭淮河以南栽植						观赏特性：观株丛、翠绿叶、果序					
习性：喜温暖、湿润，不耐寒						园林用途：花丛、花境					
观赏佳期	1	2	3	4	5	6	7	8	9	10	11	12

识别要点

宿根花卉，高达 4m。叶柄粗壮；叶片大，长圆形，鲜绿色且有光泽。花序顶生，下垂；苞片红褐色或紫色。浆果三棱状，长圆形，肉质，成熟时黄色。

长圆形叶片

花序

其他用途

果实可食用；假茎、叶、花、根入药。

树形树姿

158 棕榈 *Trachycarpus fortunei*

科属：棕榈科棕榈属		别名：棕树
应用分布：我国长江流域及其以南地区，北京小气候保护栽植		观赏特性：观树姿、花、果
习性：喜光，耐阴，有一定的耐旱及耐水湿能力；浅根性；抗大气污染		园林用途：园景树、行道树

观赏佳期	1	2	3	4	5	6	7	8	9	10	11	12

识别要点

常绿乔木状。茎圆柱形，部分具有纤维网状叶鞘。叶簇生茎端，掌状深裂超过 1/2；叶柄两边有细锯齿。圆锥花序花小，单性异株，黄色。花期 4~5 月，果熟期 10~12 月。

其他用途

可剥取棕皮（叶鞘）纤维，制作棕绷、绳索等物；嫩叶晾干后制扇、草帽等；未开放的花苞称作"棕鱼"，可食用；棕皮、叶柄、果实、叶、花、根等入药。

△ 树形树姿

△ 叶片掌状深裂

△ 果序

159 蒲葵 *Livistona chinensis*

科属：棕榈科蒲葵属	观赏特性：观树姿、花、果
应用分布：我国华南地区，西南、华南有栽植	园林用途：园景树、行道树，长江流域以北地区于温室栽培观赏
习性：喜光，喜暖热多湿气候，不耐寒；生长缓慢，寿命较长；抗风，抗大气污染	

观赏佳期	1	2	3	4	5	6	7	8	9	10	11	12

识别要点

常绿乔木状。茎不分枝。外形似棕榈、叶裂较浅，裂片先端2裂并柔软下垂；叶柄两边有倒刺。花两性。春夏开花，果熟期11月。

其他用途

嫩叶制葵扇，老叶可制蓑衣；果实及根入药。

🔺 蒲葵（左）和棕榈（右）树形树姿

160 丝葵 *Washingtonia filifera*

科属：棕榈科丝葵属	别名：加州蒲葵、老人葵、华盛顿棕榈
应用分布：原产美国南部及墨西哥；我国华南及西南地区有引种栽培	观赏特性：观树姿、花、果
习性：不耐干旱瘠薄，适应性较强，生长快，在盐碱地生长不良	园林用途：行道树、园景树

观赏佳期	1	2	3	4	5	6	7	8	9	10	11	12

🔺 叶片掌状中裂

🔺 裂片边缘有垂挂的纤维丝

🔺 树形树姿

🌾 识别要点

常绿乔木状。叶大型，掌状中裂，裂片边缘有垂挂的纤维丝。花小，两性，乳白色，几无梗，生长于细长肉穗花序的小分枝上。浆果状核果球形，熟时黑色。花期夏季，冬季果熟。

🌳 其他用途

叶用于编织工艺品及建造简易房屋；果实及顶芽可食用。

161 菖蒲 *Acorus calamus*

科属：天南星科菖蒲属	别名：白菖蒲、藏菖蒲、臭草
品种：'金边' '花叶'等	观赏特性：翠绿叶丛
应用分布：我国华北到华南常见栽植；全球温带、亚热带都有分布	园林用途：地被、花境、水景园
习性：喜半阴、湿润，忌干旱	

观赏佳期	1	2	3	4	5	6	7	8	9	10	11	12

🌿 识别要点

宿根花卉。全株芳香，株高 40~60cm。叶基生，剑形，中脉明显突出，基部叶鞘套折，有膜质边缘；叶状佛焰苞剑状线形，长 30~40cm。肉穗花序斜向上或近直立，狭锥状圆柱形，长 4~8cm，黄绿色。花期 6~9 月。

🌳 其他用途

中国传统文化中可防疫驱邪的植物，端午节有将菖蒲叶和艾一起插于檐下的习俗。叶、花序还可做插花材料；根茎入药。

🔺 剑形叶片　　　　　　🔺 黄绿色肉穗花序

162 美人蕉 *Canna indica*

科属：美人蕉科美人蕉属	别名：小花美人蕉，红艳蕉
应用分布：我国华北到华南广泛栽植；原产印度	观赏特性：观株丛，叶丛翠绿、花朵艳丽
习性：喜温暖不耐寒，喜肥	园林用途：花丛、花境、水景园、片植

观赏佳期	1	2	3	4	5	6	7	8	9	10	11	12

🌿 识别要点

　　球根花卉。株高 1.5~2.0m。地下根茎分支，地上茎丛生。单叶互生，具鞘状叶柄，叶片卵状长圆形，绿色，被蜡质白粉。总状花序单生或分叉，花少；花冠裂片多为红色，披针形，长约 4cm，直立；花柱狭带形，长 6cm，杏黄色；子房圆球形，绿色，密被小疣状突起。花果期 3~12 月。

🌳 其他用途

　　根茎富含淀粉，可食用，也可入药；茎叶纤维可制人造棉、织麻袋等；叶提取芳香油后的残渣可造纸。

🔘 片植　　🔘 红色总状花序　　🔘 绿色圆球形果

163 水鬼蕉 *Hymenocallis littoralis*

科属：石蒜科水鬼蕉属						别名：蜘蛛兰					
应用分布：我国西南、长江以南广泛栽植						观赏特性：观株丛、叶丛、花序					
习性：喜温暖，稍耐寒，耐阴湿						园林用途：地被、花境、盆栽					
观赏佳期	1	2	3	4	5	6	7	8	9	10	11	12

🌾 识别要点

常绿球根。株高 50~80cm。鳞茎近球形。叶基生，阔带形，先端急尖。花葶稍高出叶丛，伞形花序顶生；花白色，径约 20cm，花被裂片线形，基部合生，形如蜘蛛，芳香。花期 7~8 月。

△ 叶丛

△ 阔带形叶片

🌳 其他用途

叶可入药。

△ 白色线形花被裂片

164 凤尾丝兰 *Yucca gloriosa*

科属：龙舌兰科丝兰属	别名：菠萝花
品种：'金边'	观赏特性：观树姿、花、叶
应用分布：我国华北及以南地区	园林用途：植篱树、园景树、木本地被，花叶皆美，株形奇特
习性：耐瘠薄，耐阴，耐旱也较耐水湿，有一定的耐寒性；萌芽力强；抗污染	

观赏佳期	1	2	3	4	5	6	7	8	9	10	11	12

⚘ 叶缘光滑

⚘ 花序　　⚘ 花瓣三基数

🌿 识别要点

常绿灌木。植株具茎。叶剑形硬直，边缘光滑，顶端硬尖。花下垂，乳白，端部常有紫晕。蒴果不裂。6月和9~10月两次开花。

🌳 其他用途

花序可做鲜切花。

165 软叶丝兰 *Yucca flaccida*

科属：龙舌兰科丝兰属	别名：洋菠萝、丝兰、毛边丝兰
应用分布：我国华东以南地区	观赏特性：观树姿、花
习性：喜光，耐寒；耐旱，抗有害气体能力强；根系发达，生命力强	园林用途：孤植、丛植、花境、植篱树

观赏佳期	1	2	3	4	5	6	7	8	9	10	11	12

🌾 识别要点

常绿灌木。植株近无茎。叶丛生，较为硬直，线状披针形；先端尖成针刺状，边缘有卷曲白丝。花白色。蒴果 3 裂。花期 6~8 月。

🌳 其他用途

抗有毒烟气，叶纤维可制绳。

🔼 丛生叶　　🔼 叶边缘有卷曲白丝

166 孝顺竹 *Bambusa multiplex*

科属: 禾本科箣竹属	别名: 凤凰竹、蓬莱竹
应用分布: 我国长江流域栽培；越南原产	观赏特性: 观叶、株丛
习性: 喜温暖、不耐寒，喜光耐半阴；生长快，耐修剪	园林用途: 植篱树、庭园观赏

观赏佳期	1	2	3	4	5	6	7	8	9	10	11	12

🌿 识别要点

丛生竹，高 3~8m。秆先绿后黄，无刺近实心；每节多分枝，节间无沟槽。每一小枝上有叶 5~9 枚，二列状；叶条状披针形，叶鞘短。常见变型有凤尾竹（*B. multiplex* f. *fernleaf*）等。

🌳 其他用途

竹秆是优良造纸原料；竹叶可入药。

🔺 株丛

🔺 枝叶

167 毛竹 *Phyllostachys edulis*

科属：禾本科刚竹属	别名：孟宗竹、楠竹
应用分布：我国秦岭、汉水流域至长江流域以南地区	观赏特性：观树姿、叶
习性：喜温暖、湿润及排水良好的酸性土壤	园林用途：风景林

观赏佳期	1	2	3	4	5	6	7	8	9	10	11	12

🌾 识别要点

散生竹，植株高达 10~25m。基部节间短，每节一环。箨鞘厚，密生褐色粗毛，有褐黑斑点。

🌳 其他用途

我国南方重要的用材树种，做建筑、水管、竹筏等。嫩叶、秆箨、秆做造纸原料，笋味鲜美，可做蔬菜或加工食用。

🔺 树形树姿　　　🔺 竹杆

🔺 竹笋

168 芦竹 *Arundo donax*

科属：禾本科芦竹属	别名：荻芦竹
品种：'花叶'	观赏特性：观株丛、叶、花序
应用分布：我国华南地区	园林用途：临水种植，固堤护土

| 习性：喜温暖，喜水湿，生于河岸道旁、沙质壤土上 |||||||||||||

最佳观赏期	1	2	3	4	5	6	7	8	9	10	11	12

🌿 识别要点

多年生粗壮草本。秆粗大直立。叶条状披针形；鞘处黄绿色，软骨质，略呈波状；叶鞘长于节间，无毛。顶生圆锥花序大而长。花果期 9~12 月。

🌳 其他用途

优良造纸原料及固堤防护植物，秆可制管乐器的簧片；茎纤维是优质纸浆和人造纸的原料；嫩叶是良好青饲料。

🔺 芦竹枝叶　　🔺 花序　　🔺 '花叶'芦竹（春季）　　🔺 '花叶'芦竹（秋季）

169 杜若 *Pollia japonica*

科属：鸭跖草科杜若属	别名：竹叶莲
应用分布：我国长江以南有栽植	观赏特性：观株丛，花序白色，果蓝色
习性：不耐寒，喜半阴及湿润环境	园林用途：地被、花境

观赏佳期	1	2	3	4	5	6	7	8	9	10	11	12

🌿 识别要点

常绿宿根花卉。株高 30~80cm，茎直立或上升。叶片长椭圆形，长 10~30cm，宽约 5cm，顶端长渐尖，近无毛，正面粗糙。蝎尾状聚伞花序，花序远高出叶丛，花序轴和花梗被钩状毛；花小，白色，花蕾状如米粒。果球状，灰色带蓝紫色。花期 7~9 月，果期 9~10 月。

🌳 其他用途

全株可入药。

🔺 直立的茎　　　　　🔺 白色花序　　　　　🔺 灰蓝色球形果实

170 白穗花 *Speirantha gardenii*

科属：百合科白穗花属					别名：苍竹、白穗草						
应用分布：我国华东地区栽植					观赏特性：亮泽叶片、白色花序						
习性：喜半阴、湿润，忌阳光暴晒					园林用途：地被、花境						
观赏佳期	1	2	3	4	5	6	7	8	9	10	11	12

识别要点

常绿宿根，株高 15~25cm。叶 4~8 枚基生，旋叠状，披针形、倒披针形或长椭圆形。花莛侧生，短于叶簇；总状花序长约 10cm，有花 12~20 朵；花白色。花期 4~5 月。

其他用途

室内盆栽，全株可入药。

🔺 密植

🔺 叶片旋叠状

171 棕叶狗尾草 *Setaria palmifolia*

科属：禾本科狗尾草属	别名：箬叶芋、雏茅、棕叶草
应用分布：我国华东、华南、西南	观赏特性：观株丛、叶面肌理
习性：喜温暖不耐寒，耐旱，华北不能露地越冬	园林用途：地被、花丛、花境

观赏佳期	1	2	3	4	5	6	7	8	9	10	11	12

🌾 识别要点

多年生草本，株高 1~1.5m。秆直立。叶宽披针形，具纵深皱褶，长 20~60cm，宽约 5cm，先端渐尖。圆锥花序疏松，开展呈塔形，长 20~40cm，弯曲。花果期 8~12 月。

🌳 其他用途

嫩笋可食，也是红壤山地的优良牧草；根可入药。

🔺 花序　🔺 叶具纵深褶皱

🔺 叶宽披针形

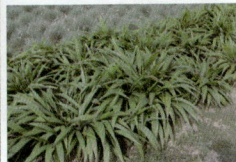

🔺 株丛

172 菰 *Zizania latifolia*

科属：禾本科菰属						别名：茭白、菰笋、菰米					
应用分布：我国华北、华中、华南及西南均有						观赏特性：观株丛					
习性：喜温暖、阳光充足。不耐寒冷、干旱						园林用途：水边绿化、湿地种植					
观赏佳期	1	2	3	4	5	6	7	8	9	10	11	12

🌾 识别要点

▲ 茎秆直立

▲ 叶中脉明显　　　　▲ 圆锥花序

多年生挺水花卉，株高1~2m。秆直立。叶片扁平宽大，带状披针形，中脉明显；叶鞘肥厚，长于节间。圆锥花序，白色，多分枝，上部为雌小穗，下部为雄小穗。颖果圆柱形。花期7~9月，果期8~10月。

🌳 其他用途

全株为优良饲料，为鱼类的越冬场所。秆基因黑粉菌寄生而变肥厚，即蔬菜"茭白"。

173 水烛 *Typha angustifolia*

科属：香蒲科香蒲属	别名：水蜡烛、蜡烛草
应用分布：全国	观赏特性：观株丛、花序、果序
习性：适应性强，喜光，浅水栽植	园林用途：水边绿化、湿地种植

观赏佳期	1	2	3	4	5	6	7	8	9	10	11	12

🌿 识别要点

多年生挺水花卉。株高 1.5~2.5m。地上茎直立，粗壮。叶线形，长约 100cm，宽约 1cm；基部鞘状抱茎，灰绿色。穗状花序呈蜡烛状，浅褐色；雄花序在上，花后脱落；雌花序在下，中间间隔 3~5cm，雌花序较长，为 15~30cm；冬季可观赏。花果期 6~10 月。

🌳 其他用途

雌花序形如蜡烛，是优良切花；花序浸透油可以代替蜡烛。

🔺 茎秆直立

🔺 黄褐色蜡烛状穗状果序

174 吉祥草 *Reineckea carnea*

科属：百合科吉祥草属	别名：松寿兰、紫衣草
应用分布：我国长江以南及西南地区广泛栽植	观赏特性：观株丛、花序
习性：喜温暖、极耐阴湿，耐寒性较差，华北不能露地越冬	园林用途：地被、可用于常绿林下或水边

观赏佳期	1	2	3	4	5	6	7	8	9	10	11	12

🔻 淡紫红色穗状花序

🌾 识别要点

常绿宿根，株高 15~30cm。根状茎细长，横生于浅土中。叶常簇生，线状披针形至披针形，浓绿色。花葶短于叶丛，花序穗状，花紫红色或淡红色，芳香。浆果球形，成熟时紫红色。花期 9~11 月，果期 12 月至翌年 5 月。

🌳 其他用途

可盆栽观赏，植株还可入药。

🔻 紫红色球形浆果

🔻 线状披针形叶簇生

🔻 根状茎

175 香根草 *Chrysopogon zizanioides*

科属：禾本科金须茅属	别名：岩兰草
应用分布：我国华南广泛种植，华东、西南有分布	观赏特性：观株丛
习性：根系发达，喜光，喜高温不耐寒，耐干旱瘠薄	园林用途：水边绿化、固土护坡

观赏佳期	1	2	3	4	5	6	7	8	9	10	11	12

识别要点

多年生丛生草本，高 1.5~2.5m。秆中空。叶色翠绿，叶片线形，直伸，下部对折（横截面呈"V"字形），无毛，边缘粗糙，宽 0.5~1.0cm。圆锥花序大型顶生，长 20~30cm，主轴粗壮。花果期 8~10 月。

其他用途

须根含香精油，紫罗兰香型，可用作定香剂。

▲ 香根草

176 斑茅 *Saccharum arundinaceum*

科属：禾本科甘蔗属					别名：巴茅						
应用分布：我国华东、华南、西南及陕西南部					观赏特性：观株丛、大型花序						
习性：适应性强，喜光，不耐寒，耐旱亦耐水湿					园林用途：花丛、水边绿化						
观赏佳期	1	2	3	4	5	6	7	8	9	10	11	12

🌾 识别要点

多年生草本，株高 2~4m。秆粗壮。叶片宽大，线状披针形，基部密生柔毛，边缘小刺状。圆锥花序大型，稠密，长30~60cm，被长丝状柔毛，黄绿色或带紫色。花果期 8~11 月。

🌳 其他用途

花序可做切花。

🔻 大型圆锥花序

177 茶梅 *Camellia sasanqua*

科属：山茶科山茶属	观赏特性：观树姿、花
应用分布：我国长江流域及以南地区	园林用途：植篱树、花篱、地被
习性：喜光，稍耐阴，喜温暖湿润气候及酸性土壤，不耐寒	

观赏佳期	1	2	3	4	5	6	7	8	9	10	11	12

🌾 识别要点

常绿乔木或灌木。嫩枝有毛，芽鳞上有倒生柔毛。叶较小而厚，椭圆形至倒卵圆形，表面有光泽，叶脉略有毛。花色多样，以白色系至红色系为主，无花柄，略香。花期按不同品种从9月至翌年3月。

🌳 其他用途

可做室内盆栽或盆景，也是优良切枝。

🔺 树形树姿

🔺 具花苞的枝叶

🔺 子房密被白毛

🔺 花枝

178 山茶 *Camellia japonica*

科属：山茶科山茶属						别名：茶花、耐冬					
应用分布：我国东部及中部地区						观赏特性：观树姿、花					
习性：喜半阴，喜温暖湿润，有一定的耐寒性，怕积水，喜微酸性土壤						园林用途：花境					
观赏佳期	1	2	3	4	5	6	7	8	9	10	11	12

识别要点

常绿灌木。嫩枝无毛。叶互生，椭圆形或倒卵形，单质，有光泽，叶缘有齿；叶芽饱满。花大，近无柄；内轮花瓣基部合生，花谢时常整朵脱落；子房无毛。花期 2~4 月。

其他用途

种子可榨油，是优良的工业和食用油；种子、叶片、花及根部均可入药。

△ 山茶植林

△ 叶片革质有光泽

△ 花芽

△ 花

179 大籽猕猴桃 *Actinidia macrosperma*

科属：猕猴桃科猕猴桃属	观赏特性：观花、果
应用分布：我国广东、湖北、江西、浙江、江苏、安徽	园林用途：棚架植物、山石坡面地被

习性：喜光，稍耐阴，喜温暖湿润气候，有一定抗寒性

观赏佳期	1	2	3	4	5	6	7	8	9	10	11	12

🌾 识别要点

中小型落叶藤本。着花小枝淡绿色。叶近革质，卵形或椭圆形。花常单生，白色，芳香。果卵圆形或圆球形无斑点，成熟时橘黄色；种子粒大。花期5月，果期10月。

🌲 其他用途

果成熟后可食用；根部可做杀虫农药。

🔺 棚架藤本

🔺 果枝

🔺 花朵及花蕾

🔺 花瓣 7~9 枚

180 葛枣猕猴桃 *Actinidia polygama*

科属：猕猴桃科猕猴桃属							别名：木天蓼、葛枣子				
应用分布：我国东北、西北、西南及湖北、山东							观赏特性：观花、果				
习性：喜半阴，喜温暖湿润气候							园林用途：棚架植物				
观赏佳期	1	2	3	4	5	6	7	8	9	10	11	12

识别要点

大型落叶藤本。着花小枝细长，基本无毛。叶卵形或椭圆状卵形，顶端急尖至渐尖，边缘有细锯齿。花序 1~3 花；花白色，芳香；花瓣 5 枚。果成熟时淡橘色，卵形或柱状卵形，无毛，无斑点，顶端有喙，基部有宿存萼片。花期 6~7 月，果熟期 9~10 月。

其他用途

果实成熟后可食用、酿酒，也可入药；叶和芽可制茶饮。

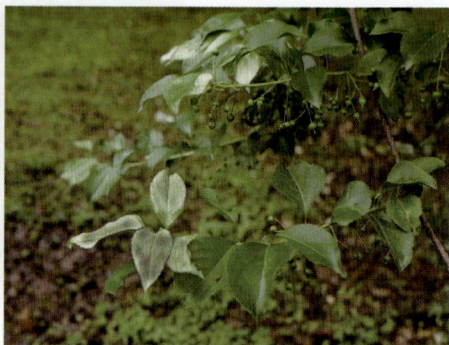

▲ 葛枣猕猴桃

181 厚皮香 *Ternstroemia gymnanthera*

科属：山茶科厚皮香属	观赏特性：观树姿、叶柄花、果
应用分布：我国南部及西南部地区	园林用途：园景树、花境
习性：较耐阴，不耐寒，抗氟化氢、氯气等多种有害气体	

观赏佳期	1	2	3	4	5	6	7	8	9	10	11	12

🌿 识别要点

常绿灌木或小乔木。单叶互生，常集生枝顶，倒卵状长椭圆形，全缘或上部有锯齿，先端尖，基部楔形，革质，有光泽；叶柄短而红色。花小，淡黄色，浓香。果肉质，球形至扁球形，红色。花期7月，果期8~10月。

🔼 树冠浑圆

🔼 枝叶

🌳 其他用途

木材坚硬致密，可供家具及工艺用；种子可制油漆及机械润滑油等。

🔼 叶片倒卵状长椭圆形

🔼 红色球形肉质果

182 木荷 *Schima superba*

科属：山茶科木荷属	别名：荷树、荷木
应用分布：我国长江以南地区山地	观赏特性：观树姿、花、秋色叶
习性：喜光，耐阴，不耐寒；深根性，萌芽力强，生长快	园林用途：庭荫树、风景林

观赏佳期	1	2	3	4	5	6	7	8	9	10	11	12

🌿 识别要点

常绿乔木。小枝褐色，幼时有毛，后无毛，皮孔特征明显。叶互生，长椭圆形，基部楔形，叶缘疏生浅锯齿，灰绿色，背面网状脉细而清晰。花白，花梗粗，单生叶腋或顶生短总状花。蒴果木质，5裂。花期5~7月。

△ 枝叶

△ 白花单生于叶腋

△ 果实5裂

△ 树形树姿

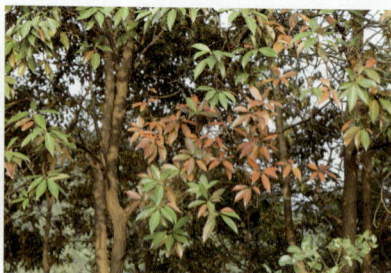
△ 褐色枝干

🌳 其他用途

木材坚韧，是优良的建筑、家具、船舶用材等；树皮、树叶可提取单宁。

183 茶 *Camellia sinensis*

科属：山茶科山茶属	别名：茶树、茗
应用分布：我国长江流域及其以南地区	观赏特性：观花、树姿
习性：耐阴，喜温暖湿润气候及土层深厚而排水良好的酸性至中性土壤	园林用途：植篱树

观赏佳期	1	2	3	4	5	6	7	8	9	10	11	12
									9	10		

识别要点

常绿灌木，高达6m，通常栽培成丛生灌木状。叶质较薄，长椭圆形，网脉明显而略下凹，叶缘锯齿细。花小而白色，萼片宿存，花柄较长而下弯；子房有柔毛；雄蕊淡黄色。花期9~10月。

其他用途

嫩叶为著名饮料，品种很多，通常以多云雾的山区所产茶叶的质量为高。

△ 茶园全景

△ 花

△ 枝叶

184 柞木 *Xylosma congesta*

科属：大风子科柞木属	别名：红心刺、凿子树
应用分布：我国长江流域及其以南地区	观赏特性：观树姿、春色叶、花、果
习性：喜光，耐寒，耐干旱瘠薄，不耐盐碱；根系发达	园林用途：植篱树

观赏佳期	1	2	3	4	5	6	7	8	9	10	11	12

🌿 识别要点

常绿小乔木，有时灌木状。有枝刺。单叶互生，卵形或卵状椭圆形，有钝锯齿；两面无毛。花单性异株，无花瓣，呈腋生总状花序。浆果熟时黑色。花期5~7月，果期9~10月。

△ 枝叶

△ 果枝

🌳 其他用途

木材坚实；树皮及叶可入药。

△ 树形树姿

△ 红褐色干皮剥落

185 滨柃 *Eurya emarginata*

科属：山茶科柃木属	别名：凹叶柃木
应用分布：我国台湾及浙江、福建沿海地区	观赏特性：观树姿、花、果
习性：耐阴，喜温暖气候，耐旱	园林用途：植篱树

观赏佳期	1	2	3	4	5	6	7	8	9	10	11	12

🌿 识别要点

常绿灌木。嫩枝密生红棕色短柔毛。叶倒卵形至倒卵状椭圆形，先端圆或微凹，基部楔形，叶缘中上部有细齿，硬革质，有光泽。花白色或黄绿色，单生或簇生叶腋。果球形，熟时蓝黑色。花期 10~11 月，果期翌年 6~8 月。

🌳 其他用途

叶形小巧，可做盆景材料，也是优良沿海防风固沙树。

🔺 树形树姿

🔺 茂密果枝

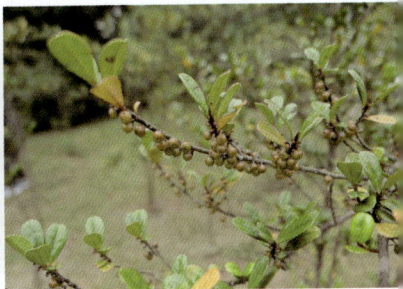
🔺 枝叶

186 薜荔 *Ficus pumila*

科属：桑科榕属		别名：木莲、冰粉子
应用分布：我国华东、华中及西南地区		观赏特性：观果、枝叶
习性：耐阴，喜温暖湿润气候，不耐寒，耐旱，适应性极强		园林用途：垂直绿化、地被

观赏佳期	1	2	3	4	5	6	7	8	9	10	11	12

识别要点

常绿藤本，借气生根攀缘。小枝有褐色茸毛。叶厚单质，椭圆形，全缘，先端钝，基部三主脉，表面光滑，背面网脉隆起；同株上常有异形小叶，叶柄短而基部歪斜。果梨形或倒卵形。花果期 5~8 月。

常绿藤本

生殖枝粗且直立

其他用途

果可制凉粉食用；根、茎、叶、果均可入药。

梨形果

梨形果

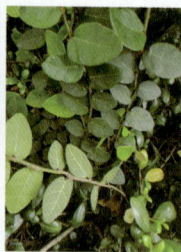
营养枝叶正背面对比

其他植物识别

包括草坪植物、观赏草、常见花卉、常见蕨类、常见水生植物、常见地被植物，共 41 种。

187 狗牙根 *Cynodon dactylon*

科属：禾本科狗牙根属					别名：百慕大草，爬根草，铁线草						
应用分布：我国华北、西南、长江中下游地区应用广泛					观赏特性：观株丛、茎叶						
习性：喜光，极耐热抗旱，极耐践踏					园林用途：运动、休闲草坪						
观赏佳期	1	2	3	4	5	6	7	8	9	10	11	12

识别要点

多年生草本。具根状茎和匍匐枝，茎秆细而坚韧，匍匐枝平铺地面或埋入土中，长可达 1m。叶扁平线形，长 3~8cm，宽约 2mm，叶浓绿稍带蓝灰色。穗状花序，3~6 枚呈指状排列于茎顶，绿色或稍带紫色，花果期 5~10 月。常见栽培近似种有杂交狗牙根（*C. dactylon × transvalensis*）。

其他用途

优良牧草，也可入药。

🔺 狗牙根草坪　　　🔺 茎叶　　　🔺 杂交狗牙根

188 沟叶结缕草 *Zoysia matrella*

科属：禾本科结缕草属						别名：马尼拉草、半细叶结缕草					
应用分布：我国华北、华中、西南地区						观赏特性：观株丛、茎叶					
习性：喜温暖，耐阴，耐旱，耐热，忌积水						园林用途：公园、庭院草坪、运动场草坪					
观赏佳期	1	2	3	4	5	6	7	8	9	10	11	12

🌿 识别要点

多年生草本。具根状茎和匍匐茎，秆细弱直立。叶色翠绿，叶片较硬，内卷，叶正面具纵沟，宽约 2mm，顶端尖锐。总状花序短小，呈细柱形，黄褐色或紫褐色。花果期 7~10 月。常见栽培近似种有结缕草（*Z. japonica*）和细叶结缕草（*Z. pacifica*）。

🌳 其他用途

优良牧草，也用作固堤、固沙。

🔺 沟叶结缕草　　　　　　　　🔺 结缕草

189 假俭草 *Eremochloa ophiuroides*

科属：禾本科蜈蚣草属	别名：蜈蚣草、爬根草
应用分布：我国华中、华南、西南等地	观赏特性：观株丛、茎叶
习性：喜光，较耐阴湿，抗病	园林用途：游憩草坪，林下草坪，草坪固土护坡

观赏佳期	1	2	3	4	5	6	7	8	9	10	11	12

🌾 识别要点

多年生草本。植株低矮，具贴地生长的匍匐茎，看上去像爬行的蜈蚣，故称"蜈蚣草"。秆斜升。叶条形，顶端钝，下部边缘有毛，叶舌顶部有纤毛，芽中叶片折叠。总状花序顶生，无柄小穗互相覆盖，生于穗轴一侧。花果期夏秋季。

🌳 其他用途

可入药。

🔸 果序　　　　　🔸 假俭草草坪

190 蒲苇 *Cortaderia selloana*

科属：禾本科蒲苇属	别名：白银芦
品种：'矮蒲苇'	观赏特性：观株丛、花序、叶
应用分布：我国上海、南京、北京等有引种	园林用途：花境、丛植、水景园
习性：喜温暖不耐寒，喜光，耐湿，耐旱	

观赏佳期	1	2	3	4	5	6	7	8	9	10	11	12

🌾 识别要点

多年生丛生草本，雌雄异株。秆高大粗壮，高 2~3m。叶片灰绿色，质硬，细长，1~3m，簇生于秆基部，边缘锯齿状。圆锥花序庞大稠密，长 50~100cm，银白色至粉红色；雌花序较宽大，雄花序较狭窄。花期 8~10 月。

🌳 其他用途

花序可做切花、干花材料，需在花序未完全开放时剪切，以减少小穗脱落。

△ 蒲苇 　　　　　　　　△ '矮'蒲苇

191 '金丝' 大岛薹草 *Carex oshimensis* 'Evergold'

科属：莎草科薹草属	别名：'金叶' 薹草、'亮丝' 薹草
应用分布：我国引进，华东多应用	观赏特性：观叶、株丛
习性：不耐寒，不耐炎热	园林用途：花境、花坛、地被

观赏佳期	1	2	3	4	5	6	7	8	9	10	11	12

🌾 识别要点

多年生草本。株高 20~40cm，蓬径 25~30cm。叶密集丛生，披针形，边缘深绿色，中间有乳白至黄色条纹。穗状花序不显著。花期 4~5 月。

🌳 其他用途

可做盆栽、切叶。

🌱 '金丝' 大岛薹草

192 蓝花草 *Ruellia brittoniana*

科属：爵床科蓝花草属						别名：翠芦莉					
应用分布：我国华东、华南多栽植应用						观赏特性：观株丛、花					
习性：喜温暖，耐旱亦耐湿						园林用途：花境、花带、基础栽植					
观赏佳期	1	2	3	4	5	6	7	8	9	10	11	12

🌿 识别要点

宿根花卉。茎直立，高 60~120cm。叶暗绿色，新叶及叶柄常呈紫红色，对生，线状披针形，全缘或具疏锯齿。花腋生，花冠漏斗状，5 裂，具放射状条纹，多蓝紫色，少数粉色或白色，花径 3~5cm。花期 4~10 月。

🌳 其他用途

能富集镉，用于镉污染修复；可盆栽观赏。

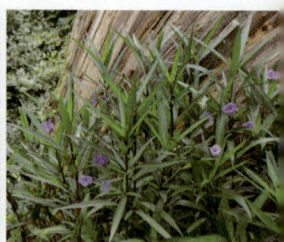

🔻 盆栽　　　　　🔻 蓝花草

193 蓝花丹 *Plumbago auriculata*

科属：白花丹科白花丹属	别名：蓝雪花、蓝花矶松、蓝茉莉
应用分布：我国华南、华东、西南常有栽培	观赏特性：观花序、花
习性：喜温暖，稍耐阴	园林用途：花境、花台

观赏佳期	1	2	3	4	5	6	7	8	9	10	11	12

🌿 识别要点

　　亚灌木状宿根花卉。地栽株高 1~1.5m，盆栽约 50cm。幼苗时枝条直立，后期蔓状或悬垂。单叶互生，叶薄，全缘，通常菱状卵形至狭长卵形。穗状花序顶生或腋生，花冠高脚碟状，浅蓝色或白色。蒴果。花期 6~9 月。

🌳 其他用途

　　可盆栽，植株可入药。

🔺 蓝花丹

194 '莫娜紫'香茶菜 *Plectranthus ecklenii* 'Mona Lavender'

科属：唇形科延命草属	别名：'莫奈'薰衣草
应用分布：我国华南、华东地区	观赏特性：观株丛、花序
习性：喜温暖，喜光耐半阴	园林用途：花坛、花境

观赏佳期	1	2	3	4	5	6	7	8	9	10	11	12

识别要点

亚灌木状宿根花卉。茎多分枝，茂密丛生状，株高40~80cm。叶卵圆形至披针形，叶面深绿有光泽，叶背紫色，边缘多毛。总状花序顶生，花紫蓝色，有紫色斑纹。秋季始花，花期可延至初夏。

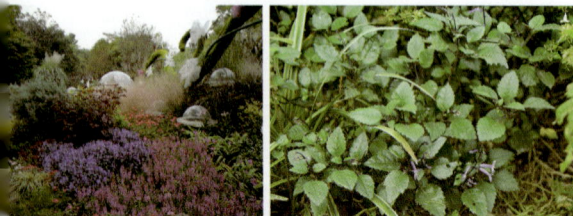

其他用途

可做盆花。

'莫娜紫'香茶菜

195 紫娇花 *Tulbaghia violacea*

科属：石蒜科紫娇花属	别名：洋韭
品种：'花叶'紫娇花	观赏特性：观叶丛、花序
应用分布：我国华东地区多栽植	园林用途：花境、地被

习性：喜光，喜高温，耐寒

观赏佳期	1	2	3	4	5	6	7	8	9	10	11	12

🌾 识别要点

丛生球根花卉。除花色与韭菜不同外，其余特征均与韭菜相似，株高 30~50cm，茎叶均有韭菜味。鳞茎肥厚，球形，直径约 2cm。叶多为半圆柱形，中央稍空，宽约 5mm。花茎直立，稍高出叶丛，伞形花序球形，小花紫粉色，径约 3cm。花期 5~7 月。

🌳 其他用途

良好的切花花卉；茎叶可食用。

⊙ 紫娇花

⊙ 花序

⊙ '花叶'紫娇花

196 黄金菊 *Euryops pectinatus*

科属: 菊科梳黄菊属						别名: 梳黄菊					
应用分布: 我国各地广泛栽培						观赏特性: 观株丛、头状花序					
习性: 喜温暖, 耐寒, 耐旱						园林用途: 花境、花坛、地被					
观赏佳期	1	2	3	4	5	6	7	8	9	10	11	12

🌿 识别要点

亚灌木状宿根花卉。株高 50~100cm。叶绿色, 互生, 羽状深裂。头状花序顶生; 缘花舌状, 金黄色, 1 轮; 盘花管状, 金黄色, 多数; 总花梗长。花期 10 月至翌春。

🌳 其他用途

可做盆花。

🔺 金黄色头状花序　　　🔺 黄金菊

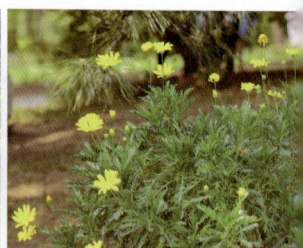

197 五星花 *Pentas lanceolata*

科属：茜草科五星花属	别名：繁星花、埃及众星花、草本仙丹花
应用分布：我国华中、华南多栽培	观赏特性：观株丛、花序
习性：喜温暖，耐旱亦耐湿	园林用途：花坛、花境

观赏佳期	1	2	3	4	5	6	7	8	9	10	11	12

🌿 识别要点

亚灌木状宿根花卉。株高 40~70cm。叶片卵形、椭圆形或披针状长圆形，顶端短尖，基部渐狭成短柄。聚伞花序顶生，着花密集；小花多，无梗，五角星状，有粉红、绯红、桃红、白色等。花期 4~10 月。

🌳 其他用途

茎叶可制农药，根可入药。

🔺 五星花

🔺 五星花花序

198 马缨丹 *Lantana camara*

科属：马鞭草科马缨丹属	别名：五色梅
应用分布：我国华东、华南及西南多栽植	观赏特性：观株丛、花序
习性：性强健、不耐寒、有入侵风险	园林用途：基础种植、花境

观赏佳期	1	2	3	4	5	6	7	8	9	10	11	12

识别要点

亚灌木状宿根花卉。直立或半蔓性，高 1~2m。茎枝均呈四方形。单叶对生，揉烂后有强烈的气味；叶卵形至卵状长圆形。花序直径约 3cm；花冠黄色或橙黄色，不久转为深红色。果圆球形，成熟时紫黑色。全年开花。

其他用途

花叶提取物能驱虫，茎干可做造纸原料。

🔺 马缨丹

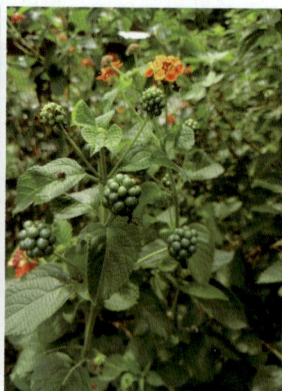

🔺 肉质球形核果

199 翠云草 *Selaginella uncinata*

科属: 卷柏科卷柏属	别名: 蓝地柏、绿绒草
应用分布: 我国华中、华南、西南, 北方温室栽培	观赏特性: 观株丛、茎叶
习性: 喜半阴、湿润环境	园林用途: 地被、岩石园、立体花坛

观赏佳期	1	2	3	4	5	6	7	8	9	10	11	12

识别要点

多年生匍匐蕨类, 常绿。主茎柔软纤细, 匍匐蔓生, 长25~60cm, 侧枝多回分叉。叶片卵形, 叶面有翠蓝绿色荧光, 背面深绿色; 营养叶二型, 背腹各两列, 腹叶长卵形, 背叶矩圆形, 排列成平面。

其他用途

可做盆景覆面材料; 全草入药。

△ 翠云草

200 井栏边草 *Pteris multifida*

科属：凤尾蕨科凤尾蕨属	别名：凤尾草、井口边草、山鸡尾
应用分布：我国华中、华南、西南地区	观赏特性：观株丛、叶片
习性：喜温暖、阴湿，钙质土指示植物	园林用途：岩石园、挡土墙、堤岸绿化

观赏佳期	1	2	3	4	5	6	7	8	9	10	11	12

识别要点

多年生中小型蕨类，常绿。根状茎直立，短而硬，密被黑褐色鳞片。叶多数，密而簇生，具不育叶和孢子叶；不育叶卵状长圆形；孢子叶有较长的柄，狭线形。孢子囊沿叶边细线状排列。叶轴禾秆色，稍有光泽。

其他用途

全草入药，也可做切叶。

井栏边草

孢子囊群

201 阔叶瓦韦 *Lepisorus tosaensis*

科属：水龙骨科瓦韦属	别名：拟瓦韦
应用分布：我国华东、华南、西南地区	观赏特性：观叶片
习性：附生、喜阴湿	园林用途：岩石园、挡土墙绿化

观赏佳期	1	2	3	4	5	6	7	8	9	10	11	12

🌾 识别要点

多年生小型蕨类，常绿。根茎短，横卧，密被深棕色鳞片。叶簇生或近簇生，披针形，中部宽1~2cm，向两端渐窄，先端渐尖，基部渐窄并下延，长10~20cm；叶柄短。孢子囊群圆形，着生主脉与叶缘间，聚生叶片上半部，幼时被淡棕色圆形隔丝覆盖。

🌳 其他用途

水陆缸栽植。

🔺 阔叶瓦韦

202 海金沙 *Lygodium japonicum*

科属：海金沙科海金沙属					别名：铁蜈蚣、罗网藤、铁线藤						
应用分布：我国华中、华南、西南等地					观赏特性：攀缘植株，观叶						
习性：喜温暖，光照充足					园林用途：垂直绿化						
观赏佳期	1	2	3	4	5	6	7	8	9	10	11	12

🌿 **识别要点**

多年生攀缘蕨类。根茎细长，横走，密生有节的毛。茎细弱，呈干草色，长 1~4m。一至二回羽状复叶，两面均被细柔毛；叶二型，纸质；营养叶尖三角形，二回羽状，小羽片宽 3~8mm，边缘有浅钝齿；孢子叶卵状三角形，羽片边缘有流苏状孢子囊穗。孢子囊多在夏秋季产生。

🌳 **其他用途**

全株入药；也做切叶。

🔻 海金沙植株

🔻 海金沙孢子叶

203 芒萁 *Dicranopteris pedata*

科属：里白科芒萁属	别名：铁芒萁、狼萁
应用分布：我国华中、华南、西南等地	观赏特性：观株丛、叶片
习性：耐酸、耐旱、耐瘠薄	园林用途：荒地绿化、森林公园

观赏佳期	1	2	3	4	5	6	7	8	9	10	11	12

🌿 识别要点

多年生中型蕨类，常绿。叶疏生；叶柄棕黑色，光滑；叶轴一至二回二叉分枝，各回分叉处托叶状羽片平展，宽披针形，生于一回分叉处的羽片较宽大，生于二回分叉处的羽片稍小，披针形或宽披针形。孢子囊群圆形，着生于基部上侧或上下两侧小脉的弯弓处。

🌳 其他用途

全草入药；叶用作切叶。

🔺 芒萁

🔺 叶背

204 水竹芋 *Thalia dealbata*

科属:	竹芋科再力花属					别名:	塔利亚、再力花				
应用分布:	我国长江以南广泛栽培应用					观赏特性:	观茎叶、花序				
习性:	喜温暖和光照充足，不耐寒					园林用途:	水边绿化				
观赏佳期	1	2	3	4	5	6	7	8	9	10	11	12

🌿 识别要点

多年生挺水花卉。植株挺拔，株高可达 2m 以上，全株被白粉。地下根茎发达。叶基生；叶长卵形，先端突出；叶柄极长；叶鞘大部分闭合。圆锥花序，花柄可高达 2m 以上；小花无柄，紫色，苞片状，形如飞鸟，甚优美。花期夏至秋季。常见栽培近似种有垂花水竹芋（*Thalia geniculata*）。

🌳 其他用途

用于污水净化工程，叶及花序为优良切花材料。

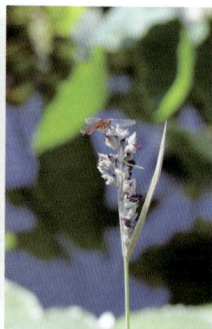

🔺 再力花

205 风车草 *Cyperus involucratus*

科属：莎草科风车草属						别名：旱伞草、水竹					
应用分布：我国华中、华南及西南地区						观赏特性：观株丛、茎叶					
习性：喜温暖、阴湿及通风环境，不耐寒						园林用途：水边绿化					
观赏佳期	1	2	3	4	5	6	7	8	9	10	11	12

🌿 识别要点

多年生挺水花卉，常绿。株高 40~150cm。秆丛生，粗壮，近圆柱形。叶退化成鞘状，包裹茎基部。叶状苞片约 20 枚，近等长，呈螺旋状排列，向四周展开形如伞，故又称旱伞草。聚伞花序疏散，辐射枝发达。花期 5~7 月，果期 7~10 月。

🌳 其他用途

可盆栽观赏或做切叶。

△ 风车草

206 薏苡 *Coix lacryma-jobi*

科属：禾本科薏苡属					别名：药玉米、水玉米、晚念珠						
应用分布：我国除东北外多有分布应用					观赏特性：观茎叶、果实						
习性：喜温暖不耐寒，可水生也可陆栽					园林用途：丛植、片植、水边绿化						
观赏佳期	1	2	3	4	5	6	7	8	9	10	11	12

🌿 识别要点

一年生挺水花卉。秆直立丛生，高 1~2m；叶互生，叶片扁平宽大，长披针形；中脉粗厚，在下面隆起；边缘粗糙，通常无毛。总状花序成束腋生，常下垂；花序上部为雄花穗，下部为雌花穗；总苞骨质念珠状，珐琅质，坚硬，有光泽。花果期 7~10 月。

🌳 其他用途

薏苡种仁即薏米，是中国传统的食品资源之一，可做成粥、饭及各种面食；还可入药或用作菩提子等。

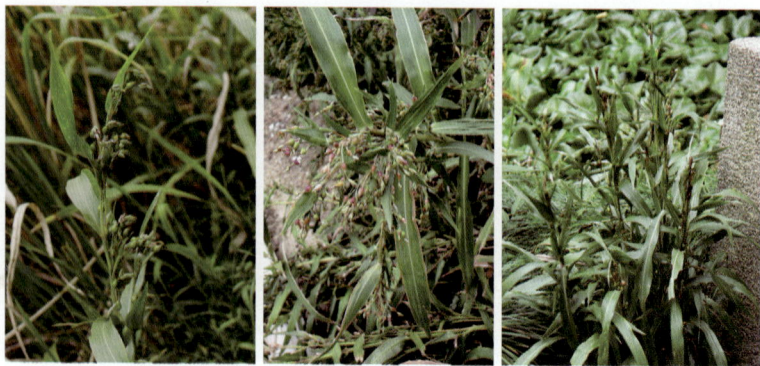

▲ 薏苡

207 粉绿狐尾藻 *Myriophyllum aquaticum*

科属：小二仙草科狐尾藻属		别名：大聚藻	
应用分布：我国长江以南各地		观赏特性：观茎叶	
习性：喜光、喜温暖，不耐寒，有入侵风险		园林用途：水边绿化、河道净化	

观赏佳期	1	2	3	4	5	6	7	8	9	10	11	12

识别要点

多年生挺水或漂浮花卉。茎中空，上部匍匐水面或直立生长。雌雄异株。叶二型；沉水复叶丝状，轮生；挺水叶羽状深裂，小叶线形，粉绿色，5~7 枚轮生。穗状花序；花细小，白色。花期 7~8 月。

其他用途

可用于水族箱，或做饲料等。

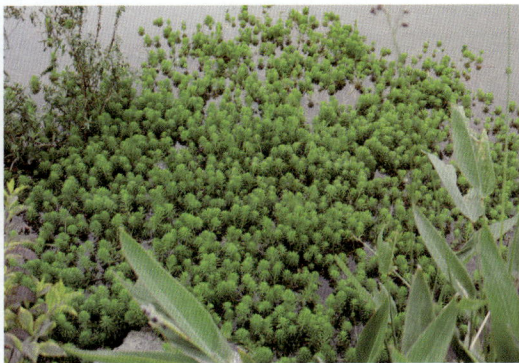

🔺 粉绿狐尾藻

208 中华萍蓬草 *Nuphar pumila* subsp. *sinensis*

科属：睡莲科萍蓬草属	别名：萍蓬莲、黄金莲
应用分布：我国东北、华北、华南均有栽植	观赏特性：观叶片、花
习性：喜温暖、喜光	园林用途：水面绿化

观赏佳期	1	2	3	4	5	6	7	8	9	10	11	12

🌿 识别要点

地下具横走的根状茎。叶基生；浮水叶卵形、广卵形或椭圆形，先端圆钝，基部开裂且分离，裂深约为全叶的1/3，近革质，正面亮绿色，背面紫红色，密被柔毛；沉水叶半透明，膜质，叶柄长，上部三棱形，基部半圆形。花单生叶腋，伸出水面，金黄色，径2~3cm；萼片呈花瓣状，肉质。

🌳 其他用途

根状茎可入药。

🔺 中华萍蓬草　　　　　　　🔺 果实　　　　　　🔺 花朵

209 南美天胡荽 *Hydrocotyle verticillata*

科属：伞形科天胡荽属	别名：香菇草、铜钱草
应用分布：我国南北均可种植	观赏特性：观茎、叶
习性：喜高温、高湿，不耐寒	园林用途：水面绿化、岸边片植

观赏佳期	1	2	3	4	5	6	7	8	9	10	11	12

识别要点

多年生挺水或湿生草本，水位过高可呈漂浮状态。株高 15~30cm。匍匐茎发达，节上常生根。叶圆形，直径 2~4cm，缘有粗锯齿；叶柄细长，盾状着生。轮伞花序，花黄绿色。花期 6~8 月。

其他用途

室内水体绿化、盆栽及水族箱栽培。

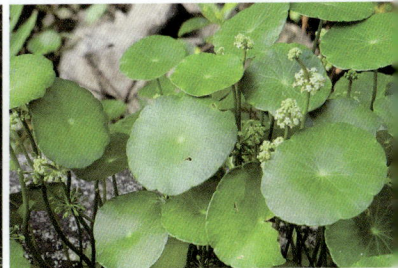

🔺 南美天胡荽植株

🔺 花序

210 大叶象耳慈姑 *Aquarius macrophyllus*

科属：泽泻科象耳慈姑属	别名：大花肋果慈姑、大叶皇冠草
应用分布：我国长三角地区多栽培	观赏特性：观茎叶、花朵
习性：喜温暖湿润、通风好	园林用途：水边绿化

观赏佳期	1	2	3	4	5	6	7	8	9	10	11	12

🌾 识别要点

多年生挺水花卉。株高 30~50cm。叶片挺拔，叶近圆形，基部心形有耳，叶幅宽大，有 5~7 条明显的叶脉；叶柄粗壮。花白色，花瓣 3 枚，花径约 3cm。花期较长，6~10 月均可开花。

🌳 其他用途

可用于盆栽和水族箱栽植。

🔺 大叶象耳慈姑

211 雨久花 *Pentederia korsakowii*

科属：雨久花科梭鱼草属						别名：水白菜、蓝鸟花					
应用分布：我国南北均有应用						观赏特性：观茎叶、花					
习性：喜温暖、喜光也耐半阴						园林用途：水边绿化					
观赏佳期	1	2	3	4	5	6	7	8	9	10	11	12

🌾 识别要点

多年生挺水花卉。茎直立，全株光滑无毛，基部有时带紫红色。叶基生和茎生；基生叶宽卵状心形，全缘，具多数弧形脉；叶柄有时膨大成囊状；茎生叶柄渐短，基部增大成鞘而抱茎。花茎高于叶丛，总状花序顶生，有时再聚成圆锥花序；花被片 6，花瓣状，蓝色、蓝紫色或稍带白色。花期 7~8 月，果期 9~10 月。

🌳 其他用途

可盆栽观赏，茎叶可做饲料，全草可入药。

🔆 雨久花

212 苦草 *Vallisneria natans*

科属: 水鳖科苦草属		别名: 蓼萍草、扁草		
应用分布: 我国长江流域分布与栽植		观赏特性: 观叶丛		
习性: 喜温暖、不耐寒		园林用途: 水体净化		

观赏佳期	1	2	3	4	5	6	7	8	9	10	11	12

🌿 识别要点

多年生沉水花卉。具匍匐茎，白色，光滑或稍粗糙。叶基生，线形或带形，长 20~200cm，宽 0.5~2cm，叶的大小随水深而异；叶片绿色或略带紫红色，半透明，全缘或先端具细锯齿；无叶柄。雌雄异株，花极小。花果期 6~10 月。

🌳 其他用途

常用于水族箱，全株入药，也可做饲料。

🔺 苦草

213 沿阶草 *Ophiopogon bodinieri*

科属：百合科沿阶草属	别名：书带草、麦冬
应用分布：我国华东、华中、华南及西南地区多栽培	观赏特性：观株丛、果
习性：喜温暖湿润，不耐盐碱	园林用途：地被，镶边、岩石园、花境

观赏佳期	1	2	3	4	5	6	7	8	9	10	11	12

🌿 识别要点

　　常绿宿根。株高约 30cm。须根多数，先端或中部膨大呈纺锤形或椭圆形的小块根。叶丛生，长条形，先端钝或尖，缘具细锯齿。花葶短于叶丛，总状花序稍下弯，花绿白色或稍带紫色。果球形，成熟时暗蓝色。花期 6~7 月，果期 10~11 月。常见栽培近似种有'矮生'沿阶草（*O. japonicus* 'Nanus'）及'黑龙'沿阶草（*O. planiscapus* 'Nigrescens'）。

🌳 其他用途

　　可做盆景覆面，块根可入药。

△ 沿阶草　　△ 沿阶草果实　　△ '黑龙'沿阶草　　△ 曲院风荷沿阶草地被

214 短莛山麦冬 *Liriope muscari*

科属：百合科山麦冬属	别名：阔叶山麦冬、阔叶麦冬
品种：'金边'阔叶麦冬	观赏特性：观株丛、花序
应用分布：我国长三角地区广泛栽植	园林应用：地被、花境、岩石园
习性：喜阴湿，较耐寒	

观赏佳期	1	2	3	4	5	6	7	8	9	10	11	12

识别要点

常绿宿根。株高约 30cm。根茎粗壮，局部膨大呈纺锤形或圆矩形小块状。叶丛生，革质，宽线形，多少带镰刀状，宽 1~2cm。花莛粗壮，高于叶丛，总状花序顶生，长 25~40cm，花多数，小花紫色。果实球形，初期绿色，成熟后黑紫色。花期 7~8 月，果期 9~10 月。

△ '金边'阔叶山麦冬

其他用途

叶片为优良切叶，块根可入药。

△ 短莛山麦冬果实

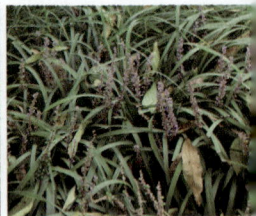

△ 短莛山麦冬

215 珠芽紫堇 *Corydalis balsamiflora*

科属：罂粟科紫堇属	别名：珠芽地锦苗、珠芽尖距紫堇
应用分布：我国华东、华南、西南地区	观赏特性：观叶丛、花序
习性：喜阴湿，忌酷暑	园林用途：丛植、片植、地被

观赏佳期	1	2	3	4	5	6	7	8	9	10	11	12

识别要点

宿根花卉。株高 20~30cm。茎簇生，中上部具分枝。叶具长柄，二回羽状浅裂，卵形，中上部具深圆齿，也表面常有灰绿色斑纹，叶缘常有紫色斑。上部叶腋具珠芽，易脱落。总状花序顶生，具花 10 数朵，花蓝紫色，距较尖。蒴果线形。花期 3~4 月，果期 5~6 月。

其他用途

全株入药。

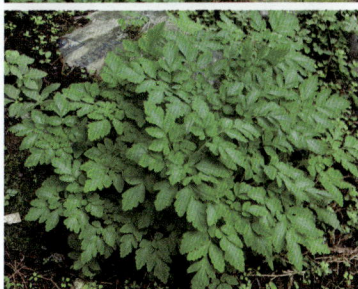

▶ 珠芽紫堇

216 虎耳草 *Saxifraga stolonifera*

科属：虎耳草科虎耳草属						别名：石荷叶、金线吊芙蓉					
应用分布：我国除东北、西北外均可应用						观赏特性：观株丛、叶、花序					
习性：喜阴湿，不耐旱、耐寒						园林用途：地被、岩石园、花境					
观赏佳期	1	2	3	4	5	6	7	8	9	10	11	12

识别要点

常绿宿根。全株被疏毛，株高 15~30cm。匍匐茎细长，赤紫色。叶基生，肉质，密生长柔毛，广卵形或肾形，基部心形，边缘有不规则钝锯齿，叶表面有白色斑纹，叶背紫红色。圆锥花序，着花稀疏；花小，花瓣 5，白色，下面 2 瓣较大，披针形，上面 3 片小，卵形，均有红色斑点。花期 5~8 月。

其他用途

可用作室内盆栽，全株入药。

虎耳草　　　　　　花

217 蝴蝶花 *Iris japonica*

科属：鸢尾科鸢尾属		别名：日本鸢尾、扁担叶									
应用分布：我国华东、西南多栽植		观赏特性：观株丛、花									
习性：喜温暖、湿润，喜半阴		园林用途：地被、花境									
观赏佳期	1	2	3	4	5	6	7	8	9	10	11	12

🌿 识别要点

常绿宿根。株高 30~50cm。根状茎纤细横走或直立扁圆形。叶基生，剑形，色深绿而有光泽，中脉不明显。花茎分枝，高于叶丛；花多数，排列成总状聚伞花序；花被片上部淡蓝紫色，下部淡黄色，外花被中脉上有黄色鸡冠状附属物。花期 3~4 月，果期 5~6 月。

🌳 其他用途

可入药，有抑菌作用。

🔺 蝴蝶花　　　　　　　　　　🔺 曲院风荷蝴蝶花地被

218 马蹄金 *Dichondra micrantha*

科属：旋花科马蹄金属		别名：荷包草、小金钱草	
品种：'银瀑'马蹄金		观赏特性：观株丛	
应用分布：我国长江以南地区栽植		园林用途：地被、岩石园	
习性：耐半阴，耐轻度践踏			

观赏佳期	1	2	3	4	5	6	7	8	9	10	11	12

🌿 识别要点

常绿宿根花卉。植株低矮，具较多的匍匐茎，株高仅5~15cm。叶互生，马蹄形，全缘，鲜绿色。花小，黄色。果实球形，成熟时红色。花期4~5月，果期6~7月。

▲ '银瀑'马蹄金

🌳 其他用途

可做盆景覆面，全草入药。

▲ 马蹄金

219 活血丹 *Glechoma longituba*

科属：唇形科活血丹属		别名：连钱草、金钱草									
应用分布：我国华东、西南多栽植应用		观赏特性：观株丛、花									
习性：性强健，喜光耐半阴，较耐寒		园林用途：地被、岩石园、基础种植									
观赏佳期	1	2	3	4	5	6	7	8	9	10	11	12

🌿 识别要点

宿根花卉。株高 10~30cm。茎四棱，细长有分枝，下部匍匐，上部直立。叶对生，肾形至圆心形，边缘有粗钝锯齿。轮伞花序腋生，常 2 花；花冠二唇形，粉红色至淡紫色，下唇具深色斑点。花期 3~5 月，果期 4~6 月。

🌳 其他用途

全草或茎叶可入药。

⬢ 活血丹

220 大吴风草 *Farfugium japonicum*

科属：菊科大吴风草属		别名：八角乌、活血莲	
品种：'黄斑'大吴风草		观赏特性：观叶丛、花序	
应用分布：我国长江以南多栽植应用		园林用途：地被、花境、丛植	
习性：不耐寒，忌阳光暴晒			

观赏佳期	1	2	3	4	5	6	7	8	9	10	11	12

识别要点

常绿宿根。丛生，株高 30~70cm。叶片较大，直径 15~20cm，浓绿，革质，肾形，基部心形，有光泽，边缘波角状。头状花序成松散复伞房状，直径约 4cm；舌状花 10~12 枚，黄色；盘花管状，黄色。花期 7~11 月。

其他用途

叶为优良切叶，根可入药。

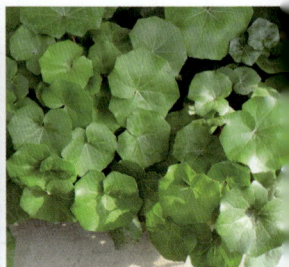

🔺 大吴风草

221 蜘蛛抱蛋 *Aspidistra elatior*

科属：百合科蜘蛛抱蛋属	别名：一叶兰
品种：'白纹''洒金'	观赏特性：观叶丛
应用分布：我国长江以南广泛栽植	园林用途：地被、花境、丛植

习性：极耐阴、不耐寒											
观赏佳期	1	2	3	4	5	6	7	8	9	10	11	12

识别要点

常绿宿根。株高 50~80cm。根状茎横生。叶单生于根状茎的各节，近革质，叶片长圆状披针形，先端急尖，基部楔形，两面绿色。总花梗从根状茎中抽出，花梗短；花与地面接近，紫色，钟状，肉质。花期 5~6 月。

其他用途

优秀切叶，瓶插寿命长。

'洒金'蜘蛛抱蛋

蜘蛛抱蛋

科属：酢浆草科酢浆草属					别名：红花酢浆草					
应用分布：我国黄河以南					观赏特性：观株丛、花序					
习性：喜温暖、最酷暑，喜光耐半阴					园林用途：地被、花境、丛植镶边等					
观赏佳期	1	2	3	4	5	6	7	8	9	10	11	12

识别要点

常绿球根花卉。丛生，株高 20~30cm。块茎扁球形全球形。叶基生，叶柄较长，掌状复叶，3 小叶复生，小叶倒心形。花莛自叶丛中抽生，稍高出叶丛；伞形花序顶生；花冠 5 裂，淡红至深桃红，带纵条纹。花期 4~11 月，其中 8 月花少。常见栽培近似种有紫叶酢浆草（*O. articulata* subsp. *papilionacea*）。

其他用途

可盆栽布置室内、阳台。

关节酢浆草

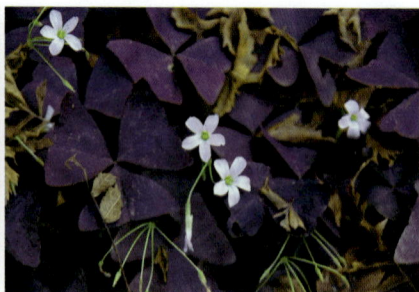

紫叶酢浆草

223 石蒜 *Lycoris radiata*

科属：石蒜科石蒜属	别名：红花石蒜、彼岸花
应用分布：我国长江流域、西南地区多栽植	观赏特性：观叶丛、花序
习性：耐阴、耐干旱、较耐寒	园林用途：丛植、岩石园、花境

观赏佳期	1	2	3	4	5	6	7	8	9	10	11	12

识别要点

　　球根花卉。鳞茎广椭圆形，径 2~4cm。叶深绿色，中间有粉绿色带，线形或带形，宽约 1cm，先端钝，秋季花期后自基部抽出。花莛高 30~60cm；伞形花序；花鲜红色，花被边缘皱缩，反卷；雄蕊长，红色。花期 8~9 月。同属常见栽培有中国石蒜（*L. chinensis*）等。

其他用途

　　鳞茎有毒，但可入药。

△ 石蒜

224 天胡荽 *Hydrocotyle sibthorpioides*

科属: 伞形科天胡荽属	别名: 满天星、小叶铜钱草
应用分布: 我国华东、华中、西南有应用	观赏特性: 观株丛
习性: 喜湿润、忌干旱、严寒	园林用途: 地被、岩石园

观赏佳期	1	2	3	4	5	6	7	8	9	10	11	12

🌾 **识别要点**

常绿宿根。株高 5~10cm。茎细长，匍匐地面生长。叶近圆形，常 5 裂，每裂片再 2~3 浅裂，边缘有钝齿或分裂，绿色，光滑或有疏毛；叶柄细。花序伞形，花序梗细长，花小而不明显。花期 4~5 月。

🌳 **其他用途**

可做盆景覆面材料，全草入药，也可食用。

🔺 天胡荽

225 金钱蒲 *Acorus gramineus*

科属：天南星科菖蒲属	别名：石菖蒲、钱蒲、九节菖蒲
品种：'金叶''花叶'	观赏特性：观株丛
应用分布：我国长江流域广泛栽植	园林用途：地被、花境、丛植
习性：喜温暖及半阴，不耐寒	

观赏佳期	1	2	3	4	5	6	7	8	9	10	11	12

🌾 识别要点

常绿宿根。株高 20~30cm。根状茎地下匍匐横走。叶基生，基部折生呈鞘状，抱茎，叶片狭剑形，宽小于 1cm，中肋不明显。肉穗花序长约 6cm，叶状佛焰苞与花序等长或稍长于花序。花期 5~6 月。

🌳 其他用途

可做室内盆栽，根茎可入药。

🔺 金钱蒲　　　🔺 '花叶' 金钱蒲

🔺 金钱蒲

226 姜花 *Hedychium coronarium*

科属：姜科姜花属	别名：野姜花、蝴蝶姜、穗花山奈
应用分布：我国长江以南及西南有栽植	观赏特性：观株丛、花朵
习性：喜温暖，不耐寒，耐阴	园林用途：丛植、片植、基础栽植

观赏佳期	1	2	3	4	5	6	7	8	9	10	11	12

🌾 识别要点

常绿宿根。株高 1~2m。叶互生，长圆状披针形，覆瓦状排列，叶背有细柔毛；无柄。穗状花序顶生，苞片 4~6 枚，每片内着花 2~3 朵；花白色，芳香，花冠筒细长，裂片披针形，后方 1 枚花被兜状；退化雄蕊侧生，花瓣状。花期 8~11 月。

🌳 其他用途

可做切花，根茎及果实可入药。

▲ 姜花栽植应用于水岸边

227 紫竹梅 *Tradescantia pallida*

科属：鸭跖草科紫露草属	别名：紫鸭跖草、紫锦草
应用分布：我国长江以南广泛栽植	观赏特性：观株丛、花朵
习性：喜高温，不耐寒，喜光亦耐半阴	园林用途：花坛镶边、花境、地被

观赏佳期	1	2	3	4	5	6	7	8	9	10	11	12

识别要点

常绿宿根。株高 20~30cm。茎紫褐色，初始直立，伸长后半蔓性。叶紫红色，肉质，披针形，略有卷曲。花生于二叉状的花序柄上，下具线状披针形苞片，花瓣 3 枚，径约 2cm，桃红或粉红色。花期 5~11 月。

其他用途

茎叶可入药。

🔺 紫竹梅

228 臭牡丹 *Clerodendrum bungei*

科属：马鞭草科大青属						别名：大红袍、臭八宝					
应用分布：我国西南及华东地区栽植较多						观赏特性：观株丛、花序					
习性：喜温暖湿润及半阴环境						园林用途：地被、丛植					
观赏佳期	1	2	3	4	5	6	7	8	9	10	11	12

识别要点

常绿亚灌木状宿根。株高 80~150cm，植株有臭味。叶片纸质，宽卵形或卵形，边缘具粗或细锯齿。伞房状聚伞花序顶生，多呈球形；苞片叶状，花冠淡红色、红色或紫红色，裂片倒卵形。核果近球形。花果期 5~11 月。

其他用途

可做切花，茎、叶及根可入药。

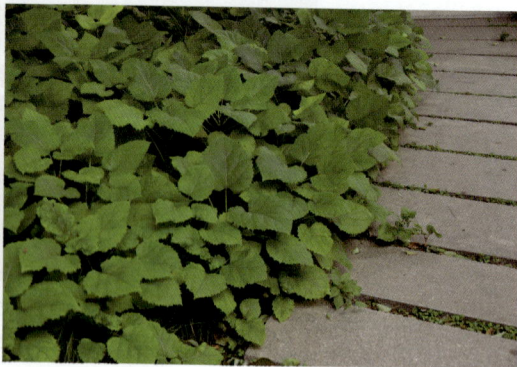

臭牡丹

二、专类园植物景观及调查

　　植物专类园指以具有相同特质类型（种类、科属、生态习性、观赏特性、利用价值等）的植物为主要构景元素的植物主题园区，集植物资源收集、园艺栽培技术和园林景观艺术于一体，几乎每个植物园都有自己特色的专类园。随着城市绿化建设的发展，专类植物景观在现代城市公园也很常见。目前常见的植物专类园有以收集同科或同属或某一系统类群的植物，营造具有亲缘关系的专类园区，如木兰园、苏铁园、竹园、杜鹃花园、月季园、百合园等，杭州植物园的竹园、槭树杜鹃园属于此类；有收集生态习性相近的植物，创造适应的生境环境的专类园区，如水生园、岩石园、荫生园、盐生园等，国家植物园（南园）的岩石园即为此类；有按植物色彩、气味、姿态等特点收集选择植物，突出某类观赏特性的专类园区，如芳香园、色彩园、触摸园、藤本园等，国家植物园（北园）的绚秋苑为此类；也有按植物特定的应用价值，收集相应植物建造的专类园区，如本草园、果树园、香料花园、食用花园、蜜源花园等，杭州植物园的百草园属于此类。

植物专类园中主题植物的选择，需要综合考虑当地的自然条件、文化传统和拟选择植物的栽培历史及其文化内涵。长江流域可以选择比较有区域特色的梅花、桂花、山茶、竹类、海棠等，也可选择适生范围更广的樱花、松柏类、荷花、郁金香、芍药等作为主体植物。专类植物的收集与展示是专类园建设的重点，因此需要收集选择较多的种类和品种（注意早、晚花品种的收集以及适当引入稀有、名贵品种），并根据其生态习性、形态结构、花期、花色等进行科学、合理的搭配。如杭州植物园的槭树杜鹃园就以"春观杜鹃花烂漫、秋赏槭树叶霜染"为主题，收集栽植了中华槭、樟叶槭、茶条槭、色木槭、秀丽槭、鸡爪槭、三角槭、青榨槭等槭树科植物，以及'红枫''羽毛'枫等鸡爪槭品种。杜鹃花方面，收集了杜鹃花属的毛白杜鹃、溪畔杜鹃、映山红、亮毛杜鹃、满山红、马银花、红马银花、刺毛杜鹃、羊踯躅、鹿角杜鹃等种类，以及岩生杜鹃，皋月杜鹃、安酷杜鹃、比利时杜鹃等品种类群，成为亚热带低海拔地区对杜鹃花属进行收集、展示、保存、科普和研究的代表性专类园之一。

根据具体专类植物的特性及在造景方面的缺陷，专类园还需选择配置其他乔木、灌木或草本植物等，以形成"春花烂漫、夏荫浓郁、秋色绚丽、冬景苍翠"的整体外貌。如槭树杜鹃园的主题植物在春秋两季景观效果突出，而青翠欲滴的片片枫叶也能给夏日带来清凉与优雅，唯独冬景缺乏生机与色彩，因此充分利用场地原有的黑松、马尾松、青冈栎、樟树等常绿植物，以及增加秋季芬芳的桂花、含笑来丰富四季的景观。

此外，植物配置方面，同样需要考虑植物空间构成、平面、立面构图、园区色彩和季相的变化控制以及与地形、道路、水体及建筑等其他要素的配合；种间关系方面，也要考虑常绿和落叶、乔木与灌木、速生与慢长、深根性与浅根性、喜光与耐阴植物相结合等，而"专类植物"作为专类园主体则须贯穿全园。如杭州植物园的桂花紫薇园作为国内建园最早、面积最大、品种最多的桂花专类园，收集的2000余株丹桂类、金桂类、银桂类以及四季桂品种群，经过几十年生长，枝叶繁茂、郁闭度高，而其内间植的紫薇，由于自身生长势较桂花弱，加之喜光但无法获取充足光照，导致长势越来越差，甚至死亡。杭州植物园的百草园则根据药用植物对不同生态环境的要求，结合原有地形，运用造园艺术，因地制宜地创造了充足光照、阴生、半阴生、岩生、水生等生态小环境，满足不同植物对生境的需求，收集展示了包括著名道地中药白术、白芍、浙贝母、杭白菊、元胡、玄参、苋麦冬、温郁金在内的"浙八味"等1000多种（包括变种、变型）药用植物，成为药用植物科普、研究与教学实践的活标本园。

杭州植物园始建于1956年，具有优美的自然和人文景观，是一个以科研为主，兼备科普教育和休闲游览功能的植物园，园区内的植物专类园有以专题植物种类收集丰富见长的百草园、竹园；有以植物群落配植著称的木兰山茶园、槭树杜鹃园；有以山水骨架与植物形态、生长习性完美结合的山水园，也有与历史人文、自然景观融合的灵峰探梅，是集中学习、实地感知专类植物配置对整体环境影响及游赏体验的优良案例。通过对杭州植物园植物专类园的调查学习，可在巩固、掌握华东地区常见园林植物种类的基础上，扩展学习所涉及专类植物的更多种类及代表品种；感知并理解各专类园的植物造景特点与植物选择和配置需求。除体会专类园营造的技法外，也感受杭州植物园专类园如何以园林的外貌表达科学的和文化的内涵。其专类园不仅为广大群众日常休闲所服务，又兼顾了植物保育和研究。使得杭州植物园成为深受群众喜爱的、在国内具有代表性且在国际上也颇具影响力的植物园典范。

专类园植物调查需同时关注其景观构成、景观生态美学效果和专类植物收集、栽培保护及科普效果，通常多采用人工踏查与抽样法相结合进行。园内植物种类、高度、胸径、冠幅、生长势、景观效果、应用量等一般采用踏查法进行。植物群落的调查，根据专类园主题的不同，选取相对完整且具有典型代表的 $20m \times 20m$ 植物群落作为 1 个样方单元进行相关内容调查，如样方内植物的种类及数量、高度、胸径、冠幅、株数、所属层次、生长状况，以及群落结构、通透度、林冠线、季相变化、使用感受等。

1. 实习目的

①巩固、掌握华东地区常见园林植物的识别要点，加深对其形态特征、生态习性、观赏特性、应用情况及效果的了解。

②了解杭州地区植物专类园的常用主题植物种类、专类园布置手法。

③了解植物与道路、建筑、水体、地形等园林要素的配置手法，积累景观生态美学效果好的常见植物群落配置形式。

④掌握栽培植物群落的组成、结构、多样性等调查分析方法。

2. 实习时间与地点

选择春季 4~5 月或秋季 9~10 月，在完成杭州植物园植物识别的基础上在杭州植物园各专类园进行。

3. 实习指导

①以班为单位，由指导教师带领学生到实习地现场进行具体调研方法及样地选择范例讲解和示范，要求学生认真听讲，做好笔记。

②学生分散沿调查路线复习、调查专类园内的植物种类、生境类型、生长状况、景观效果、主题呈现等，做好调查记录，开展与不同园林构成要素结合的典型植物群落的基本类型、种类构成、生态结构及景观效果等调查分析，完成作业。

4. 作业要求及案例

①各植物专类园绿化植物调查表各 1 份。内容包括中文名、科属、学名、生活型、生长势、应用量等（可参考样表）。

②选取包含专类园主题植物且与不同园林构成要素组合，如滨水植物群落、道路植物群落、建筑周围植物群落等不同类型的植物群落至少 3 个，进行群落调查与测绘，整理群落植物名录表，从群落季相、林缘线、林冠线、结构构成、色彩等方面开展分析讨论。

样表 专类园植物调查表——木兰山茶园

编号	中文名	学 名	科 属	平均高度 /m	平均胸径 /cm	生活型	生长势	应用频度	景观效果
1	木荷	*Schima superba*	山茶科木荷属	7	18~20	常绿乔木	优	★★	夏季白花
2	鹅掌楸	*Liriodendron chinense*	木兰科鹅掌楸属	8	20~25	落叶乔木	优	★★	秋叶金黄
3	楝	*Melia azedarach*	楝科楝属	5	15~18	落叶乔木	优	★	夏花淡紫
4	山茶	*Camellia japonica*	山茶科山茶属	3	10~15	常绿小乔木	优	★★	春季红花满树
5	茶梅	*Camellia sasanqua*	山茶科山茶属	1.2	3~5	常绿灌木	优	★★★	冬春粉、白花朵
6	沿阶草	*Ophiopogon bodinieri*	百合科麦冬属	0.3	—	多年生草本	优	★★	地被，四季常青

三、城市公园园林植物景观及调查

城市公园是供公众游览、观赏、休憩、开展科普文化及锻炼身体等活动，有较完善的设施和良好绿化环境的城市公共绿地。杭州作为"国家生态园林城市"，城市公园建设成就瞩目，既有历史悠久的以风景名胜区为依托的诸多公园，如花港观鱼、西湖湖滨公园、太子湾、白塔公园等，也有新建、改建的钱江世纪公园、城东公园、运河中央公园、千桃园等一大批高质量的公园案例。

园林植物作为城市公园的基本结构要素之一，与地形、道路、建筑、水体等其他要素完美结合形成的景观和在生物多样性保护及生态环境改善方面所起的作用使其成为现代城市公园建设的焦点，对公园质量影响极大。在景观营造方面，最基本的要求是所选择的植物种类应该与种植地点的生态环境相适应，在此基础上综合运用乔木、灌木、藤本及草本等各类植物素材，通过艺术手法，充分发挥植物的形体、色彩、线条、质感等自然美，从而创造出丰富多彩的植物景观。在生物多样性保护及生态环境改善方面，城市公园植物丰富度的程度、植物群落结构是城市绿地生物多样性保护的基础，也是构成城市公园生态、防护功能的基础。因此，通过对杭州城市公园植物的调查学习，可在巩固、掌握华东地区常见园林植物种类的基础上，进一步学习和了解该区域园林植物群落景观构成、生态美学效果和时空格局对景观外貌的影响，有助于开展城市公园的设计、管理运行及相关研究工作。

城市公园植物调查需同时关注其景观构成、景观生态美学效果和生态功能，通常采用人工踏查与分层抽样法结合进行。公园内植物种类、高度、胸径、冠幅、生长势等一般采用踏查法获取。对于植物群落的调查，可先根据公园不同区域的功能或植物与其余构成要素的组成关系进行分层后再进行抽样调查。样方设置方面，由于城市公园植物群落通常涵盖乔木、灌木及草本，因此，一般需选取植物群落相对完整的 20m×20m 作为 1 个样方单元进行相关内容调查。具体调查内容可以包括：样方内植物的种类及数量、高度、胸径、冠幅、株数、所属层次、生长和健康状况；群落的郁闭度和乔、灌、草盖度估算；群落通透度、林冠线、季相变化等。

杭州城市公园常用的上层木本植物有樟树、杜英、无患子、银杏、天竺桂、乐昌含笑、枫香、二球悬铃木、枫杨、重阳木、珊瑚朴、黑松、赤松、金钱松、柳杉、水杉等；小乔木有日本五针松、日本扁柏、鸡爪槭、杨梅、珊瑚树、孝顺竹、玉兰、桂花、女贞、石楠、枇杷、梅花、樱花、浙江红山茶等；花灌木及绿篱主要有山茶、毛白杜鹃、红花檵木、牡丹、木芙蓉、十大功劳、南天竹、长柱小檗、冬青卫矛、胡颓子、无刺枸骨、老鸦柿、茶梅、水栀子、日本女贞、大花六道木、凤尾竹等；水生植物主要有荷花、睡莲、萍蓬草、蒲苇、再力花、芦竹、灯心草、水烛、水葱、野慈姑、野芋、水蓼、丁香蓼、苦草、粉绿狐尾藻等；草坪与地被植物主要有杂种狗牙根、结缕草、沟叶结缕草、高羊茅、草地早熟禾、假俭草、天胡荽、马蹄金、万寿竹、沿阶草、异叶山麦冬、蝴蝶花、酢浆草、紫竹梅、紫萼、吉祥草等；藤本植物主要有紫藤、木香、蔷薇、常春藤、常春油麻藤、薜荔、络石等；多年生花卉主要有水鬼蕉、石蒜、中国石蒜、芍药、路易斯安娜鸢尾、紫娇花、'金脉'美人蕉等。丰富的植物种类与多样的群落构成不仅美化了城市、影响着市民的日常生活质量和游憩活动，还起到了调节和维护城市生态平衡等多种生态效应，成为市民就近亲近自然和科普学习的园地。

1. 实习目的

①巩固、掌握华东地区常见园林植物识别，加深对其形态特征、生态习性、观赏特性、应用情况及效果的了解。

②总结杭州城市公园常用植物种类、景观生态美学效果好的常见植物群落配置形式。

③掌握城市公园植物群落调查的一般方法。

2. 实习时间与地点

选择春季 4~5 月或秋季 9~10 月，在完成杭州植物园植物识别、专类园实习和杭州市公园树种调查的基础上进行。具体地点需根据实习季节，结合各城市公园的具体情况，选择植物种类和环境较为优美的城市公园进行，如花港观鱼、太子湾公园、千桃园等。

3. 实习指导

①以班为单位，由指导教师带领学生到实习地现场进行具体调研方法及样地选择范例的讲解和示范，要求学生认真听讲，做好笔记。

②学生分散沿调查路线复习、调查公园内的植物种类、生境类型、生长状况等，做好调查记录，并对不同功能区域或与不同园林构成要素结合的典型植物配置群落进行群落基本类型、种类构成、生态结构及景观效果等调查分析，完成作业。

4. 作业要求及案例

①杭州某城市公园绿化植物调查表1份。内容包括中文名、科属、学名、生活型、生长势、应用频度等（可参考样表）。

②选取公园不同功能区如入口区、滨水区、休闲娱乐区、安静休息区，或不同构成要素组合如滨水植物群落、道路植物群落、建筑周围植物群落等不同类型植物群落至少3个，进行测绘，并对各栽培群落的优缺点进行简要分析。

③自选2~3处生物多样性较好的植物群落进行样方调查、分析计算其物种丰富度、优势种、多样性指数、树种重要值等，并对群落稳定性及景观现状等进行分析。

样表 城市公园绿化植物调查表

编号	中文名	学 名	科 属	平均高度 /m	平均胸径 /cm	生活型	生长势	应用频度	景观效果
1	杜英	*Elaeocarpus decipiens*	杜英科杜英属	8	20	常绿乔木	优	★★	冠大荫浓，红叶点点
2	桂花	*Osmanthus fragrans*	木樨科木樨属	3.5	8	常绿小乔木	优	★★★	小花芳香浓郁，枝叶密集
3	南天竹	*Nandina domestica*	小檗科南天竹属	1.2	—	常绿小灌木	优	★★★	秋季红果红叶，植株优美
4	荷花	*Nelumbo nucifera*	莲科莲属	0.8	—	挺水多年生草本	优	★★★	夏季水景
5	吉祥草	*Reineckea carnea*	天门冬科吉祥草属	0.25	—	多年生草本	优	★★	耐阴性好，优良地被

四、湿地植物景观及调查

　　湿地公园指天然或人工形成，具有湿地生态功能和典型特征，以生态保护、科普教育和休闲游憩为主要内容的公园。因其有效解决了湿地保护与开发间的矛盾，对水质改良、丰富生物多样性及改善生态环境具有重要贡献而受到广泛关注。作为名副其实的山水城市，杭州拥有西湖、钱塘江、运河、西溪及纵横交错的河道，湿地资源丰富，多年来持续在湿地生态环境建设方面的投入，使其无论是湿地规模还是公园建设水平方面都在全国名列前茅，目前已有包括西溪国家湿地公园、西湖湿地公园、千桃园湿地、杭州沿江湿地公园等20余处大型湿地公园和分布于多个公园的优秀水体生态修复及小型人工湿地案例。

植物是湿地公园生态功能发挥的主要载体，也是湿地景观营造的核心元素之一，直接影响湿地公园活力和特色的呈现。通过对杭州地区湿地公园植物的调查学习，可在巩固、掌握华东地区常见湿地植物种类的基础上，学习以营造和保护生境为目的的植物配置方式，了解外来种对湿地生态系统的干扰，有助于开展湿地公园的设计、管理运行及研究工作。

湿地公园植物调查多采用线路踏查结合样方法进行，公园内植物种类、高度、胸径、冠幅、生长势等的调查一般采用踏查法。湿地公园水域地区植被主要是草本，可根据不同水体形式选取 20m×20m 的样方，在样方四角及中心设置 1m×1m 的小样方，调查记录各小样方内的草本种类、高度、盖度等。样方选择及调查内容通常需关注湿地植物的种类、生境丰富度状况、物种多样性、群落典型性和外来种侵入度等；植物配置方面，除净化水质等功能型植物群落外，还需关注为营造和保护生境为目的的植物配置方式，如鸟类、动物的筑巢和食源植物的配置应用以及生态防护和缓冲带的配置，作为开展生态旅游的重要载体，湿地公园尤其是人工湿地公园的植物配置也要关注其美学和人性化需求。

杭州地区湿地公园常用的耐水湿上层木本植物有樟树、水杉、河柳、枫杨、榔榆、构树、苦楝、乌桕等乡土植物，中层木本有盐肤木、野蔷薇、木芙蓉、杨梅、蓬藁等，主要水生、湿生植物有斑茅、蒲苇、芦苇、芦竹、灯心草、水烛、菰、薏苡、水葱、窄叶泽泻、野慈姑、野芋、水芹、荷花、睡莲、萍蓬草、水蓼、丁香蓼、苦草、粉绿狐尾藻等，丰富的植物种类与多样的湿地生境使其成为生物多样性科普宣传与教育基地，共同调节区域生态环境。

1. 实习目的

①巩固、掌握华东地区常见湿地植物识别，加深对其形态特征、生态习性、观赏特性、应用情况及效果的了解。

②总结杭州湿地公园常用植物种类、典型水质净化功能植物群落配置，以及为营造和保护生境为目的的湿地植物配置等。

③通过本实习巩固理解湿地公园植物种类选择及配置的要求。

④掌握湿地公园植物调查的一般方法。

2. 实习时间与地点

选择春季 4~5 月或秋季 9~10 月，在完成杭州植物园植物识别、专类园实习和杭州市公园树种调查的基础上进行。具体地点需根据实习季节，结合各湿地公园的具体情况，选择植物种类和湿地环境较为丰富的湿地公园进行。

3. 实习指导

①以班为单位，由指导教师带领学生到实习地现场进行具体调研方法及样地选择范例的讲解和示范，要求学生认真听讲，做好笔记。

②学生分散沿调查路线复习、调查样地内的湿地植物种类、生境类型、生长状况等，做好调查记录，并对不同湿地类型的典型植物群落配置进行群落基本类型、种类构成、群落结构及景观效果等调查分析，完成作业。

4. 作业要求及案例

①湿地公园绿化植物调查表 1 份。内容包括中文名、科属、学名、生活型、生长势、应用频度等（可参考样表）。

②选取滩涂、沼泽、湖泊和溪流等不同类型湿地各 1 处，进行湿地断面草测、标注出断面中的植物种类并分析其对湿地生态的贡献。

③自选 2~3 处生物多样性较好的湿地植物群落进行草本样方调查，分析其物种构成、优势种、多样性、稳定性，外来种侵入度等。

样表　湿地公园绿化植物调查表

编号	中文名	学 名	科 属	生活型	生长势	应用频度	生态或景观贡献
1	樟 树	*Cinnamomum camphora*	樟科樟属	常绿乔木	优	★★	冠大荫浓乡土植物，鸟类栖息
2	木芙蓉	*Hibiscus mutabilis*	锦葵科木槿属	落叶灌木	优	★	秋花美丽
3	芦 竹	*Arundo donax*	禾本科芦竹属	挺水多年生草本	优	★★★	鸟类栖息，食源
4	苦 草	*Vallisneria natans*	水鳖科苦草属	沉水多年生草本	中	★	水禽和鱼类取食
5	喜旱莲子草	*Alternanthera philoxeroides*	苋科莲子草属	湿生或挺水多年生草本	优	★★	入侵植物，注意控制

五、街道植物景观及调查

街道绿化包含区域内的道路绿地及其串联的街头小游园的绿化，与居民日常生活联系密切，是城市园林绿化的重要组成部分，可以直观反映城市绿化发展的历程，体现城市绿化风貌和景观特色。通过街道绿化植物调查可以快速了解某地区的绿化风貌，常用园林植物种类、配置模式及其景观效果。

道路绿地包含道路绿带（分车绿带、行道树绿带和路侧绿带）、交通岛绿地、广场绿地和停车场绿地，其植物配置、应用通常具有节奏性，便于采取样带或样方的抽样调查法，一般调查长度 30~50m，包括一个循环内出现的植物种类即可。街头小游园由于其面积小、建设周期短，通常更新较快，建设维护方面注重植物特色景观的展示，多以开花或色叶乔、灌木和宿根花卉为主，注重季节性景观的打造，因此经典的植物种类和景观效果突出的新优植物常常汇聚于此，是学习、巩固当地园林植物识别、积累小型植物群落应用案例的最佳场地。街头小游园的绿化调查通常采用全园踏查结合典型地样方抽样调查，选择群落构成稳定、绿化景观良好的样地，可根据实际需要对样地内的植物种类构成及生长情况，群落基本类型、生态结构及景观效果等进行调研、总结与分析，为该地区园林植物应用及街道绿化建设工作奠定基础。

1. 实习目的

①通过本实习巩固理解道路绿地和街头小游园绿化对园林植物的选择要求。

②巩固园林植物识别技能，加深对其形态特征、生态习性、观赏特性、应用情况及效果的了解。

③总结杭州常见街道绿化植物种类、应用形式、应用效果等。

2. 实习时间与地点

春季 4~5 月、秋季 9~10 月开展最佳，结合每年道路绿地季节性布置的具体情况，选择应用种类和形式较为丰富的街道进行，如莫干山路、环城西路、新塘路等。

3. 实习指导

①以班为单位，由指导教师带领学生到实习地现场进行具体

调研方法及调查路线、样地节点选择、作业要求等讲解和示范，要求学生认真听讲，做好笔记。

②学生分散沿调查路线调查、记录路线两侧视线范围内的街道绿化植物种类及其观赏特性、生长状况、应用形式、应用频度等，并对典型样地的植物群落基本类型、种类构成、结构及景观效果进行调研分析。

4. 作业要求及案例

①街道绿化植物调查表1份。内容包括中文名、科属、学名、生长势、应用形式、应用频度等（可参考样表）。

②选取主干道、次干道和重要支路各1条，进行道路绿化断面及其绿化单元的草测，标注绿带中的植物种类并分析其应用效果。

③自选2~3处景观效果较好的街头小游园植物应用节点样地群落进行平面草测、群落分析。

样表 街道绿化植物调查表

编号	中文名	学名	科 属	生活型	生长势	观赏特性	应用形式	应用频度	备注
1	珊瑚朴	*Celtis julianae*	榆科朴属	落叶乔木	优	树形、橘红果	行道树	★★★	耐水湿
2	火棘	*Pyracantha fortuneana*	蔷薇科火棘属	常绿灌木	优	枝叶、花序、红果	绿篱	★★★	抗污染
3	马缨丹	*Lantana camara*	马鞭草科马缨丹属	多年生草本	优	近球形花序和小花	花境、种植钵	★★	长势旺，有入侵风险
4	沟叶结缕草	*Zoysia matrella*	禾本科结缕草属	多年生草本	优	茎叶	草坪	★★★	可能矮化

推荐阅读书目

地被植物与景观.吴玲.中国林业出版社，2007.

杭州园林植物.吴玲.中国建筑工业出版社，2017.

花境植物选择指南.高亚红，吴棣飞.华中科技大学出版社，2010.

上海植物图鉴.汪远，马金双.河南科学技术出版社，2016.

湿地植物与景观.吴玲.中国林业出版社，2010.

园林花卉应用设计——配植篇.耿欣，程炜，马娱.华中科技大学出版社，2009.

参考文献

陈有民.园林树木学[M].2版.北京：中国林业出版社，2011.

刘燕.园林花卉学[M].4版.北京：中国林业出版社，2020.

汪远，马金双.上海植物图鉴[M].郑州：河南科学技术出版社，2016.

吴玲.杭州园林植物[M].北京：中国建筑工业出版社，2017.

杨秀珍，王兆龙.园林草坪与地被[M].4版.北京：中国林业出版社，2024.

张天麟.园林树木1600种[M].北京：中国建筑工业出版社，2010.

中国科学院中国植物志编辑委员会.中国植物志[M].北京：科学出版社，1993.